WIEDENMANN

Aufs Huhn gekommen

ROLAND WIEDENMANN

Aufs Huhn gekommen

Von glücklichen Hühnern und
eigenen Bio-Eiern

KOSMOS

Inhalt

„Ein Mensch ist Teil des Ganzen,
das wir ‚Universum' nennen,
ein in Zeit und Raum begrenzter Teil.
Er erfährt sich selbst, seine Gedanken und Gefühle,
als etwas vom Rest Abgetrenntes,
eine Art optische Täuschung seines Bewusstseins.
Diese Täuschung ist für uns eine Art Gefängnis,
das uns auf unsere persönlichen Wünsche
und die Zuneigung
zu einigen wenigen uns nahestehenden Personen
beschränkt.
Es muss unsere Aufgabe sein,
uns aus diesem Gefängnis zu befreien,
indem wir unser Mitgefühl ausdehnen
und alle Lebewesen und die ganze Natur
darin einschließen."
Albert Einstein

Aufs Huhn gekommen

Oft werde ich gefragt, wie ich „aufs Huhn gekommen" bin und warum ich mich seitdem so intensiv dieser Tiergattung widme – von der praktischen Hühnerhaltung, dem Sammeln von Prosa, Lyrik, Kunst und Kitsch zum Thema Huhn bis hin zu diesem Buch. Ich möchte versuchen, im Folgenden darauf Antworten zu finden.

Private Hühnerhalter nennen die verschiedenartigsten Motivationen für ihr Hobby. Diese reichen, wie es in einem launigen Zeitungsartikel[1] heißt, vom täglichen Frühstücksei, das man angesichts der Massentierhaltung *endlich wieder mit Genuss und ohne schlechtes Gewissen* zu sich nehmen könne, über die Aussicht auf „Suppen-

hühner von höchster Qualität" im Zweijahresturnus bis zu einer *„Art Rache des kleinen Mannes"*, der dem penetranten Hundegebell aus den Nachbargrundstücken etwas entgegensetzen will – ganz nach dem Motto: *„Ich lasse gackern."* Er habe sich seinen *„Kindheitstraum vom Bauernhof ein ganz klein wenig erfüllt"*, so der Verfasser, und gewinne in seinem Garten Ehrfurcht vor der Schöpfung. Sein Resümee: *„Nie hätte ich gedacht, wie viel Freude man an glücklichen Hühnern haben kann."* Dahinter mag – wie bei vielen Tierhaltern – ein bisschen Romantik stecken und der Wunsch, sich auf die eine oder andere Weise mit der Natur zu befassen und sich ihrer, insbesondere nach einem arbeitsreichen Tag oder am Wochenende, zu erfreuen.

Nicht verschwiegen werden soll, dass auf der anderen Seite viele Menschen – nicht zuletzt aufgrund von Vorurteilen oder einer falschen Einstellung – mit Hühnern überhaupt „nichts anfangen", geschweige denn sich eine eigene Hühnerhaltung vorstellen können. So erging es, bevor die Hühner das Leben seiner Familie bereicherten und er gründlich umdachte, auch dem kleinen Peter in Lorly Jennys Roman „Kinder und Hühner in Flandern": *„… und überhaupt, was soll ich eigentlich mit Hühnern machen? Das sind die langweiligsten Tiere, die es gibt. Sie gackern so blöd. Sie haben in ihrem kleinen Kopf keinen Platz für ein Gehirn. Sie rennen immer fort und sie sind unsauber. Sie riechen schlecht. Ich verstehe wirklich nicht, weshalb wir Hühner haben sollen."*

Ich muss zunächst gestehen, dass ich kein in eine landwirtschaftliche Atmosphäre hineingeborener Hühnerfachmann bin, sondern mich autodidaktisch – gewissermaßen als „Hühner-Greenhorn" – erst im Alter von 60 Jahren dem Thema genähert habe. Ich gehöre zwar einer Generation an, die noch durch die Eltern mit der Natur vertraut gemacht wurde: auf Spaziergängen, Wanderungen (kaum vorstellbar: mit den Beinen, ohne darunter angebrachte Räder) und Ausflügen in allen denkbaren Landschaften, bei Zoobesuchen, aber auch durch eigene Pflanzen- oder Schmetterlingssammlungen. Mein Vater, als Volksschullehrer ein begeisterter Natur- und Heimatkundler, hat in mir das Interesse an und die Liebe zu Pflanzen, Tieren und Lebensräumen geweckt, das viel später in ein Lehramtsstudium der Biologie sowie Aktivitäten in Natur- und Umweltschutz mündete. Außer regelmäßigen Ferienaufenthalten bei Verwandten auf dem Land, die eine Landwirtschaft betrieben und somit auch frei laufende Hühner ihr Eigen nannten, gab es in meiner Kindheit und Jugend jedoch keinerlei Kontakt zu dieser Art von „Federvieh". Ich bin auch nicht mit „klassischen" Haustieren wie Hund oder Katze aufgewachsen; in unserer Wohnung lebten stattdessen ein Distelfink, ein Zeisig und später ein Girlitz in einem kleinen Käfig (was damals noch erlaubt war). Vielleicht datiert meine Liebe zu geflügelten Tieren aus dieser Zeit. Mein späteres Studium brachte mich im Rahmen vieler Exkursionen und Bestimmungsübungen in Kontakt mit der heimischen Tier- und Pflanzenwelt; aus dieser Epoche ist mir das Interesse an Blumen, Bäumen und Insekten geblieben.

Vom Goldhamster zum Huhn

Seit der Bekanntschaft mit meiner Frau Anna, die von einem Bauernhof stammt und damit zumindest über Grundkenntnisse der Hühnerhaltung verfügte, lebten wir mit wechselnden Haustieren: Vom Goldhamster Max, der sich an bodenlangen Vorhängen nach oben hangelte und den Teppichboden sowie alle erreichbaren Leitzordner ruinierte, über die Rauhaardackel-Dame Xoxi von der Felsenwand, unseren geliebten schwarzen Schnauzermischling Butzi aus dem Tierheim, zahllose Wellensittiche bis hin zu Zwergkaninchen und Deutschen Riesen tummelten sich immer Fell- und Federträger in Haus und Garten – sehr zu unserer Freude und der unserer Kinder.

Nicht zu vergessen die Katzen, die ein Bestandteil unserer Familie waren. Mit dem Tod unserer letzten Katze tat sich eine ungewohnte Lücke auf. Die Trauer um eine treue Begleiterin über 15 Jahre hinweg hielt uns davon ab, umgehend eine weitere Katze aufzunehmen. Spaziergänge führten uns in diesen Monaten immer wieder zu verschiedenen Hühnerhöfen, wo wir uns vor dem Zaun die Beine in den Leib standen und das bunte Treiben mit wachsendem Interesse beobachteten. Insbesondere faszinierte uns die rund 30 Köpfe starke, vielrassige Ansammlung von Hühnern und Hähnen im Garten einer Nachbarin, die wohl endgültig den Grundstein für den Versuch legte, sich selbst an die Haltung eigener Hennen zu wagen.

Grundkenntnisse hierfür waren wie gesagt nicht oder nur rudimentär vorhanden. Entsprechende Informationen mussten also über Fachliteratur, Gespräche mit Haltern und den Besuch herbstlicher Ausstellungen der Kleintierzuchtvereine nach und nach beschafft werden. So rundete sich allmählich das Bild, das sich vor unserem geistigen Auge abzeichnete und den Garten bereits hühnermäßig bevölkert sah. Außerdem bauten sich allmählich verstandes- und gefühlsmäßige Hürden ab, die suggerierten, als Laie und Nichtlandwirt einer solchen Hühnerhaltung nicht gewachsen zu sein. Und so geschah es, dass ich eines Tages Nägel mit Köpfen machte und begann, den vorhandenen Stall für die Aufnahme neuer Haustiergenossinnen herzurichten – nach dem Motto: „Erst der Stall, dann die Hühner."

Es wird behauptet, die Wahl des Haustiers stelle ein Spiegelbild unserer Persönlichkeit dar. So mag bei wechselnden Haustierarten – mal Hamster, mal Sittich, mal Katze, mal Huhn – zu bestimmten Zeiten ein jeweils anderer Teil unserer Persönlichkeit angesprochen und gefordert sein, mag sich diese vielleicht im Zusammenleben mit einem neuen Tier weiterentwickeln. Wer weiß das schon so genau? Und welche Teilpersönlichkeit wurde gespiegelt, als ich mich für Hühner als Hausgenossen entschied?

Hühner in Literatur und Kunst

Parallel zur Hühnerhaltung habe ich mich auch literarisch mit dem Thema Huhn auseinandergesetzt. Anfänglich skeptisch, ob diese Tierart in der Literatur über die Jahrhunderte genügend Niederschlag gefunden hat, durfte ich immer mehr über die Fülle von Prosa- und Lyriktexten staunen, die sich in vielfältiger Weise und unter den unterschiedlichsten Blickwinkeln mit Hähnen, Hennen und Küken befassen. Der Bogen spannt sich dabei von griechischen Tierfabeln, Volks- und Kunstmärchen über Gedichte von Morgenstern oder Neruda bis zu Erzählungen moderner Autoren. Die Anthologie, als *work in progress* angelegt, findet immer neue Ergänzungen, sobald ich durch Zufall oder Empfehlung wieder auf einen Hühnertext stoße; ich hoffe dennoch, das Buch irgendwann und in vorerst abgeschlossener Form Interessierten zugänglich machen zu können.

Meine Leidenschaft für die Gattung Haushuhn blieb natürlich nicht verborgen, und so bedachten mich Verwandte und Freunde immer wieder mit Aufmerksamkeiten: mal ein zugesandter Zeitschriftenartikel, mal eine selbst getöpferte Henne für den Garten; die aus einem Bastelbogen gefertigte Papphenne mit seitlichem Rädchen, nach dessen Betätigung sie ihr Hinterteil hebt und ein aus dem Ei schlüpfendes Küken freigibt; Postkarten, kreative Zeichnungen oder Karikaturen und vieles mehr. Auf diese Weise hat sich unsere Sammlung von Kunst- und Kitschobjekten in Haus und Garten enorm vergrößert, und ich staune immer mehr, in welch vielfältiger Weise sich das Huhn auch in diesem Metier präsentiert (siehe Farbtafel 3).

Der Zeitgeist verlangt nach Hühnern

Noch ein Wort dazu, warum ich dieses Buch schreiben wollte. Im Laufe der Jahre haben wir vielen Menschen die Erlebnisse rund um unsere Hühner erzählt. Nicht wenige reagierten teils ungläubig, teils fasziniert auf die Tatsache, dass auch diese Tiere deutlich unterscheidbare, individuelle Persönlichkeiten darstellen, dass die Beobachtung ihres Verhaltens und das Zusammenleben mit ihnen viel Spaß machen und täglich neue Erkenntnisse bringen kann. Unsere größte Freude und Befriedigung bestand dann immer darin, wenn wir hören durften: „Da bekommt man ja Lust, selbst Hühner zu halten!"

Es scheint sich außerdem ein Trend abzuzeichnen, privat wieder vermehrt Hühner zu halten; allerdings nicht unter landwirtschaftlicherwerbsmäßigen Gesichtspunkten, sondern einfach so, zum Spaß, aus Freude – sei es in einem winzigen Hinterhof mitten in Schwabing, auf einer Dachterrasse in New York oder auf einem bisher weitgehend dem Rasenmäher überlassenen Stückchen Wiese eines oberschwäbischen Kleingartens, zur Unterhaltung der Kinder. Dies passt zu einer deutlich festzustellenden, der Sehnsucht nach der Natur geschuldeten Hinwendung zum sogenannten „Landleben", ablesbar etwa an der anschwellenden Zahl diverser „Land"-Hochglanzmagazine mit gelegentlichen Artikeln zur Hühnerhaltung, und zu einer allmählichen Trendwende auch in der Einstellung gegenüber Tieren. So stellte eine große süddeutsche Zeitung in den Jahren 2011 und 2012 in ihrer „Haustierkolumne" mehrfach auch Hühner ins Zentrum des Interesses (man beachte: Hühner als Haus-, nicht als Nutztiere!).

Wir leben trotz des eben Gesagten in einer Zeit, in der bereits viele Kinder der Natur entfremdet sind und, wie etwa Helmut Schreier in seinem 2012 erschienenen Buch „Krise der Kindheit" darstellt, ihre Freizeit lieber vor dem Computer verbringen als in der freien Natur mit ihren reellen Erlebens- und Abenteuermöglichkeiten.

43 Prozent der für den „Jugendreport Natur 2010"[2] befragten Sechst- und Neuntklässler waren z. B. der Meinung, die Hühnerfrau lege zwei bis sechs Eier pro Tag. (In Wirklichkeit sind es 0,8; damit lag auch der Schlager aus dem Film „Glückskinder" von 1936 etwas daneben mit seiner Wunschvorstellung: *„Ich legte jeden Tag ein Ei und sonntags auch mal zwei."*) Erstaunlicherweise wurden dabei kaum Unterschiede zwischen Stadt- und Landkindern sichtbar. Mit den in meinem Buch geschilderten positiven Erfahrungen möchte ich deshalb auch einen Beitrag dazu leisten, sich wieder vermehrt mit der Natur, mit Tieren und Pflanzen zu beschäftigen.

Und zuletzt: Auf dem Buchmarkt finden an der Haltung von Hühnern und anderem Geflügel Interessierte zwar eine große Zahl von Ratgebern und Anleitungstexten, die jeweils andere Schwerpunkte setzen. Die meisten beschränken sich jedoch darauf, notwendiges (theoretisches wie praktisches) Grundwissen zu vermitteln, etwa für den Bau eines Stalls, die Fütterung, die Aufzucht von Küken oder über Krankheiten. Wenige aber schildern aus persönlichem Erleben, was sich während der Fütterung abspielt, wie eine Hackordnung zustande kommt, was eine Hühnerschar den ganzen Tag so treibt; kaum ein Buch berichtet über das beeindruckende und hochinteressante Verhalten dieser Tiere, die glücklichen Momente, die wir miterleben dürfen, kurz: die geistig-emotionalen Aspekte einer Hühnerhaltung. Ich möchte eine vielleicht ungewohnte Sichtweise ins Spiel bringen (z. B. auch mit den eingestreuten Bemerkungen über „Tierkommunikation") und dazu beitragen, die vorhandene Literatur in diesem Sinne zu ergänzen. In manchen Punkten stelle ich auch der in vielen Ratgebern ausgedrückten „gängigen Meinung" eigene, ihr widersprechende Erfahrungen gegenüber.

Vielleicht kann dieses Buch Sie dazu motivieren, im kleinen Rahmen mit wenigen Tieren zu beginnen – oder, wenn Sie bereits Hühnerhalter sind, Ihren Tieren und den täglichen Vorgängen um sie herum mit mehr Aufmerksamkeit und einer anderen, respektvollen Einstellung zu begegnen. Glückliche Hühner werden es Ihnen danken!

Zwei Sätze, deren Hintergrund in den folgenden Kapiteln näher beleuchtet wird, möchte ich gewissermaßen als Motto voranstellen:
1. *Hühner sind liebenswerte Mitgeschöpfe, in denen mehr steckt, als wir in ihnen vordergründig sehen.*
2. *Sie haben ein Recht auf artgerechte und verständnisvolle Haltung; deshalb sind Massentierhaltung und Kasernierung als tierquälerisch abzulehnen.*

DIE HAUPTPERSONEN DIESES BUCHES
Darf ich vorstellen…

Wenn ich in früheren Jahren vor einer Hühnerschar stand, zu der Dutzende gleich gefärbter und auch ansonsten (scheinbar) gleich aussehender Tiere gehörten, konnte ich mir nicht vorstellen, dass der betreffende Hühnerhalter diese verschwimmende Masse auseinanderhalten konnte. Wir haben deshalb bei der Anschaffung unserer Hühner Wert darauf gelegt, dass sie sich schon äußerlich deutlich voneinander unterschieden; nur so schien uns eine genaue Beobachtung des jeweiligen Verhaltens, der jeweiligen individuellen Eigenheiten und Charakterzüge gewährleistet. Wenn ich nach nunmehr fünfjähriger Erfahrung mit dieser Art von Tieren eine Erkenntnis hervorheben sollte, dann ist es unbedingt diejenige, dass nicht nur Hunde, Katzen oder Pferde, sondern auch Hühner ausgeprägte, deutlich unterscheidbare Persönlichkeiten darstellen, die – neben ihren art- und rassetypischen Charakteristika – individuelle Vorlieben und Abneigungen besitzen, Freundschaften eingehen, über jeweils eigene Laute kommunizieren und besondere Verhaltensweisen an den Tag legen. Um diese Erkenntnisse gewinnen zu können, muss man sich allerdings die „Mühe" machen, viel Zeit mit ihnen zu verbringen und sie genauestens zu beobachten.

Bereits an dieser Stelle möchte ich deshalb die vier Protagonistinnen, die uns durch viele Jahre begleitet haben, in ihren Grundzügen kurz vorstellen; weitere Eigenschaften und Verhaltensweisen werden in den folgenden Kapiteln beschrieben.

Selbstverständlich haben wir unseren Hühnern Namen gegeben. Selbst bei Landwirten war es früher üblich, dass nicht nur Katzen und Hunde, sondern auch Nutztiere wie Kühe oder Schweine eigene, unverwechselbare Namen bekamen (und nicht nur eine Nummer im Ohr hatten wie heutzutage). Die Namensgebung orientiert sich dabei, wenn man nicht auf Allerweltsnamen wie Berta (Henne) oder Peterle (Kater) zurückgreifen will, oftmals an äußeren Merkmalen wie Farbe, Form, Stimme oder an charakteristischen Eigenheiten; Fantasienamen in Ahnentafeln, wie „Xoxi von der Felsenwand" im Pass unseres verflossenen adligen Dackels, möchte ich einmal beiseitelassen. Eine Benennung nach äußeren Merkmalen hat allerdings, gerade bei einander sehr gleichenden Tieren wie in einer Hühnerschar, manchmal ihre Tücken. So konnten wir unsere beiden New-Hampshire-Hennen (zu den Rassen mehr ab S. 63), die wegen ihres frühen Weggangs im Folgenden nicht näher beschrieben werden, auf den ersten Blick optisch kaum unterscheiden; der einzig deutlich sichtbare Unterschied

Die New Hampshire-Hennen Lilo (rechts) und Resi (links).

Unsere Hühnerschar – Quax (vorne), Bella, Blacky und das Seidenhuhn Wuschel.

Blacky, die unbestrittene Chefin unserer
Hühnerschar.

Hellblond und streichelfähig: Wuschel, das
Designer-Huhn.

Eine tiefe Freundschaft verband die Hennen Quax und Bella.

zeigte sich an den Schwanzfedern: Bei der einen hingen sie ständig leicht nach rechts (was den Namen „Resi" nahelegte), bei der anderen nach links (das war „Lilo"). Ansonsten glichen die Schwestern – abgesehen von der hintersten Kammzacke – einander sozusagen wie ein Ei dem andern.

Blacky, die Chefin

An erster Stelle unserer „Viererbande" soll Blacky genannt werden: ein tiefschwarzes, je nach Lichteinfall blaugrün schillerndes Huhn der Rasse Wyandotten, das ich als einziges unserer Hühner in seinem früheren Stall persönlich ausgewählt und eingefangen habe. Blacky hatte ihr erstes Lebensjahr auf einem ehemaligen Kiesgrubengelände verbracht, auf dem sich verschiedene Kleintierzüchter Stallungen für Hühner, Tauben, Sittiche und Kanarienvögel gebaut hatten. Mit etwa zehn weiteren Artgenossen, allesamt schwarz, lebte sie in einem Stall mittlerer Größe, von dem aus sie in einen stattlichen Grasauslauf gelangen konnte. Zusammen mit Quax, die ebenfalls auf diesem Gelände bei einem anderen Züchter aus dem Ei geschlüpft war, holte ich sie im Katzentransportkäfig in ihr neues Zuhause.

Am Anfang noch unter der Fuchtel der beiden erheblich größeren New Hampshires stehend, entfaltete Blacky nach deren Abgang eine starke Persönlichkeit. Sie entwickelte sich zur Alphahenne, die auch aufgrund ihres starken Körperbaus ohne Weiteres in die Rolle des nicht vorhandenen Hahnes schlüpfte und diese bis an ihr frühes Ende vorzüglich ausfüllte. Als hervorstechende Charakterzüge sind mir im Gedächtnis geblieben: ihr waches Misstrauen, eine große Umsicht in der Führung „ihrer" Schar und ein ausgeprägtes Verantwortungsbewusstsein, das uns oft zum Staunen brachte (mehr dazu ab S. 83). Alles in allem: Hut ab vor einem respektablen Huhn!

Quax, die sensible Rückwärtsläuferin

Mit Blacky zusammen kam Quax in unseren Garten. Ein etwas seltsamer Name für ein weibliches Huhn – man mag sich dabei vielleicht eher an den Bruchpiloten im gleichnamigen Film mit Heinz Rühmann erinnern –, der sich aber aus einer ihrer Lautäußerungen herleitete. Anfangs schien uns diese Wyandotte völlig normal zu sein, bis uns langsam klar wurde, dass wir ein behindertes Huhn gekauft hatten (darüber später mehr). Es mag nachvollziehbar sein, dass wir eine gewisse Zeit benötigten, uns daran zu gewöhnen und diese äußerst liebenswürdige Henne in ihrem Sosein zu akzeptieren. Quax war außerdem extrem sensibel und neigte zu Panik und Ohnmachtsanfällen. Hühner können bei großer Gefahr oder extremer Aufregung in eine Art Totenstarre fallen, bei der sie auf keine Reize und Berührungen mehr reagieren. Die Tierkommunikatorin Penelope Smith, auf die ich noch zurückkommen werde, interpretiert ein derartiges, bei Beutetieren zu beobachtendes Verhalten so, dass deren Geist bereits im Moment der Bedrohung – z. B. des Ergriffenwerdens von einem Feind – den Körper verlässt und dadurch nicht mehr den Todesschmerz verspürt; für den Fall, dass das Tier den Angriff unbeschadet übersteht, kehre der Geist anschließend wieder in den Körper zurück. Auf der anderen Seite war Quax aber ein aufgewecktes, neugieriges, unternehmungslustiges, manchmal fast freches Huhn, das sich aus der Hand füttern ließ (etwa mit der Lieblingsspeise Mehlwurm) und sich gern in unserer Nähe aufhielt. Insgesamt: ein liebenswertes Tier, das eine enorme Bereicherung unseres Lebens darstellte. Mit ihren wohlgerundeten Formen, den süßen Kehllläppchen, ihrem in einen Dorn auslaufenden „Rosenkamm" und der hellbraunen Farbe (bei Züchtern trägt dieser Farbschlag gleichwohl die Bezeichnung „gelb") war sie zudem eine Henne, die unser huhnerprobter Nachbarsjunge Daniel als „schönste" der Schar bezeichnet hat.

Wuschel, das Designerhuhn

Nur einen Tag später stieß das hellblonde („gelbe") Seidenhuhn Wuschel zu den bereits anwesenden Wyandotten. Es stammte von einem auf diese Rasse spezialisierten Züchter, der in verschiedenen Käfigen und kleinen Ausläufen Tiere aller Altersstufen und Farbschläge betreut und von dem wir im Jahr darauf die kleine schwarze Strupfel holten. Von ihm war Wuschel nach telefonischer Bestellung und bei meinem Erscheinen bereits ausgewählt und separiert worden, sie „wartete" in ihrem kleinen Auslauf gewissermaßen schon auf mich. Von Anfang an hat sie sich durch ihr freundlich zahmes Wesen, ihr lustiges Aussehen mit „Bart" und die schönen schwarzen Augen einen Platz in den Herzen erobert, insbesondere in denen der Kinder, die sie – als einzige unserer Hennen – auf den Arm nehmen und ihren „wuscheligen" Pelz streicheln durften.

Bei den Federn der Seidenhühner sind durch Mutation die feinen Widerhäkchen, die normalerweise die Federstrahlen zusammenhalten, so umgebildet, dass sie nicht mehr ineinandergreifen. Dadurch kann keine geschlossene Fahnenfläche entstehen, die stark zerschlis-

Seidenhühner

Gleich geartete Vorläufer Wuschels existierten schon seit Jahrtausenden wild am Fuß des Himalaja und wurden bereits von Aristoteles 350 v. Chr. sowie 1295 in Marco Polos Bericht nach seiner Asienreise erwähnt (*„Es soll dort eine hühnerart geben, die keine federn hat, sondern fell wie katzen von schwarzer farbe."*[3]).
Eugen Roth reimte folgendermaßen:
„(...) Und die Japaner und Chinesen
Erzeugen wunderliche Wesen,
Die, strenggenommen, gar nichts nutzig,
Doch drollig ungemein und putzig. (...)"[4]

senen Federn wirken wie plüschige Haare. Außer den Seidenhühnern weisen nur noch die kurzbeinigen Chabos (Japan-Zwerghühner) in ihrer seidenfiedrigen Variante dieses Federmerkmal auf. Mit ihrer Puschelhaube auf dem Kopf und den befiederten Beinen wirkte unsere Wuschel wie ein sich bewegendes, kompaktes Wollknäuel.

So unsicher und sensibel Quax war, so selbstbewusst robust und beinahe unsensibel präsentierte sich Wuschel. Sie drängte sich mitten unter die anderen Hennen, platzierte sich gern inmitten des Futters (sollten die Übrigen doch schauen, wie sie zu etwas kamen!) oder als Zerberus am Eingang zum Strohlager und spielte sich gern in den Vordergrund – einzig der Chefin Blacky ging sie (meist) aus dem Weg. Sie hatte auch eine eigene, lustige Art zu rennen: den Kopf dicht am Boden, das Hinterteil in die Luft gereckt. Leider hat sie sich vor ihrer Zeit „zu Tode gebrütet" – ein trauriges Kapitel, auf das ich noch zurückkommen werde. Wuschel bleibt in unserer Erinnerung als der große Star des Hühnerhofs, nach dessen Wohlergehen stets alle unsere Bekannten fragten.

Wäre ich Kultusminister, würde ich in jeder Schule nicht nur einen – wenn auch noch so kleinen – Garten einrichten lassen, in dem Gemüse, Kräuter und Blumen gepflanzt werden, sondern auch die Haltung von Freilandhühnern im Kleinstall mit Auslauf vorschlagen. Dasselbe würde ich Altenheimen, Behinderteneinrichtungen usw. empfehlen. Ideale Protagonisten hierfür könnten die unproblematischen und liebenswürdigen Seidenhühner sein. Das sogenannte „Kontaktbehagen" – die Berührung eines so weichen und flauschigen, dazu noch zahmen Tieres, das sich streicheln und auf den Arm nehmen lässt – hat zweifellos einen positiven Einfluss auf das Gefühlsleben und vermag das heute bei vielen Kindern und Altenheimbewohnern vorhandene seelische Vakuum im Sinne einer „tiergestützten Therapie" füllen zu helfen.

Prinzessin Bella

Nachdem drei der anfänglichen sechs Hennen verschenkt worden waren und der Hühnerhof somit auf drei Exemplare geschrumpft war, entschlossen wir uns, eine weitere Wyandotte zu kaufen. Über Mundpropaganda erfuhren wir von einem Züchter in der Nähe, der diese Tiere nicht in den üblichen Farben, sondern mit einem wunderschönen, „silber-mehrfachgesäumten" Farbschlag hielt. Hierbei weisen die einzelnen Federn durch mehrere dunkle Umrandungsreihen ein attraktives Muster auf, das ganze Tier erscheint silbergrau. Deutlich sind bei dieser Färbung – im Gegensatz zu einem einfarbigen Huhn – die verschiedenen Gefiederbereiche erkennbar, da sich z. B. die kleinen und großen Flügeldecken in ihrer Musterung deutlich von Hand- und Armschwingen, der Halskrause oder den Schwanzfedern unterscheiden.

Als ich Bella abholte, erwartete mich ein unangenehmer Anblick: Etwa zehn silbergraue Hühner verteilten sich in einem großen Raum im ersten Stock eines alten landwirtschaftlichen Gehöfts, weitere Rassen in anderen Etagen. Der Boden war mit Stroh ausgelegt, ein trübes Fenster vorhanden, der Raum muffelte – es begann mich schon überall zu jucken und ich wäre am liebsten wieder gegangen. Der Züchter wählte ein beliebiges Tier aus und ich nahm es mit nach Hause, in die Freiheit eines großen Gartens, in Sonne, Frischluft und Wind, in die jederzeitige Möglichkeit, sich an frischem Gras und Würmern gütlich tun zu können. Allerdings musste sich die Neue erst an dieses sich im Wind bewegende Gras gewöhnen – ein bis dahin ungewohnter und zunächst bedrohlich erscheinender Anblick. Irgendwie habe ich immer den Eindruck gehabt, dass die von Anfang an zutrauliche Bella mir diese „Befreiung" dankte. Bella war eine stolze Henne, der man unterstellen konnte, sich ihres zierlichen Körperbaus, ihrer silbergrauen Schönheit und ihrer Klugheit bewusst zu sein. Wenn andere Hühner rannten oder watschelten (wie die eher bäuerlich daherkommende Quax), so stolzierte Bella gemessenen Schrittes dahin wie eine Prinzessin, der jede irdische Eile fremd ist. Einzige Ausnahme: Wenn sie uns mit dem Mehlwurmglas kommen sah, nahm auch sie die Beine in die Hand und rannte uns o-beinig entgegen. Sie selbst bezeichnete sich im Gespräch mit der Tierkommunikatorin als *„sehr unabhängig"* und meinte, sie würde sich fast *„als arrogant oder hochnäsig beschreiben"*, weil wir ihr erlaubten, sich *„als etwas Besseres zu fühlen"*. Dies komme *„nicht so richtig von innen"*; es mache aber manchmal Spaß, diese Seite auszuleben.

Bella war auch eine neugierige, an allem interessierte Henne. In der ersten Zeit kam sie nahe heran, beäugte und untersuchte alles, was sie nicht kannte, z. B. die an der Sitzbank lehnenden Werkzeuge Schaufel und Rechen. Sie hat es auch als Einzige gewagt, von der Terrasse aus unser Esszimmer zu betreten, wo sie sich kurz umschaute und dann den Raum gemessenen Schrittes wieder verließ. Bella ließ sich in den ersten Jahren nur streicheln, wenn man sie mit der Hand von oben überraschte. Dann duckte sie sich, wie es eine Henne bei der begehrlichen Annäherung eines Gockels zu tun pflegt und sich zur Paarung anbietet, und man konnte über ihr kühles Gefieder streichen. Wenn sie genug hatte, sprang sie auf, schüttelte sich und ging weg. Später wurde sie vorsichtiger, obwohl sie keine schlechten Erfahrungen mit uns machen musste, und wich unserer Hand aus. Fälschlicherweise bin ich davon ausgegangen, dass Hühner mit den Jahren immer „zutraulicher" werden; heute weiß ich, dass man sich zwar mehr und mehr „aneinander gewöhnt", dass aber ein körperlicher Kontakt nicht unbedingt dazugehört, wenn es in der Rasse oder dem Individuum nicht von Anfang an angelegt ist.

Nach anfänglichen Rangkämpfen freundete sich Bella mit der völlig gegensätzlichen Quax an; sie selbst wurde dagegen von der Chefin Blacky angehimmelt und umworben.

DIE BEZIEHUNG ZWISCHEN MENSCH UND HUHN

Vollendete Sklaven

Der Zoologe und Reiseschriftsteller Alfred Brehm rätselte in seinem 1867 erschienenen „Illustrirten Thierleben", *„wie es der Mensch anfing, die freiheitliebenden Wildhühner zu vollendeten Sklaven zu machen"*. Hätte er vorauszusehen vermocht, unter welch unwürdigen Bedingungen die überwiegende Zahl der 18,4 Milliarden Hühner leben muss, die heute die Erde bevölkern (Zahlen der FAO, 2008), so hätte er vielleicht seine Bemerkung über „vollendete Sklaven" nochmals überdacht.

Vom Wild- zum Batteriehuhn

Die Anfänge der Domestikation liegen schätzungsweise 4.000 bis 5.000 Jahre zurück. Dabei gilt als wichtigster Vorfahre des heutigen Haushuhns das in Indien und Südostasien lebende Rote Kamm- oder Bankivahuhn (*Gallus gallus*), neben dem weitere Kammhühner wie das Sonnerat-, das Gabelschwanz- und das Lafayettehuhn als Urahnen mitgemischt haben könnten. Das relativ kleine, rebhuhnfarbige Bankivahuhn lebt tagsüber in lichten Dschungelwäldern und buschigem Gelände; nur am Morgen und am Abend besucht es die umliegenden Reisfelder. Über Persien und Griechenland gelangte das domestizierte Huhn ins restliche Europa, wo es im Mittelalter insbesondere die Klostergärten bereicherte.

In den dörflichen Gemeinschaften früherer Zeiten gehörten Hühner, die „Spardosen der kleinen Leute", mit ihrem Getue und Gegacker zum selbstverständlichen Ortsbild. Sie stellten keine besonderen Ansprüche, durften sich im Freien bewegen und ihren artgerechten (d. h. an den natürlichen Bedürfnissen orientierten) Neigungen nachgehen; zudem lieferten sie Bauern wie Selbstversorgern Eier und Fleisch und ermöglichten diesen, ihre Abgaben an Kirchen, Klöster und Herren in Naturalien zu entrichten. Erst mit der beginnenden Industrialisierung, der damit verbundenen Landflucht und dem Umbau der Gesellschaft von einer bäuerlich geprägten zur produzierenden im 19. Jahrhundert setzte die Intensivhaltung von Hühnern ein. Zugleich erlangte die Rassenzucht größere Bedeutung, die in ihrem unguten Ableger im 20. Jahrhundert zur Züchtung der heutigen, auf hohe Eier- und Fleischproduktion ausgerichteten und für die Käfighaltung „geeigneten", patentierten Hybrid-Legehennen führte. Demgegenüber bemühen sich rund 250.000 Geflügelzüchter in Deutschland (Stand 2011), die Vielzahl der heute existierenden und teilweise vom Aussterben bedrohten Rassen zu erhalten.

Menschen und Hühner – eine jahrtausendealte Beziehung

Die fast industriemäßige Rationalisierung und Technisierung der Hühnerzucht ließ den meisten Menschen das Huhn als Mitlebewesen fremd werden. Durch Jahrtausende hindurch hatte es zum Lebenskreis vieler menschlicher Kulturen gehört, hatte in deren metaphysischer Denkwelt als Orakel- wie Opfertier gedient, als Namensgeber oder Wappentier Pate gestanden, Kirchtürme geschmückt oder für blutige Hahnenkämpfe hergehalten. Die Karo Batak im nördlichen Sumatra sind sogar der Meinung, die Welt sei von einem Riesenhuhn, dem *Manuk kredjan-kridjan*, erschaffen worden: *„Seine Federn wurden zu Bäumen und Blättern, der Schwanz zu Zuckerrohr, die Innereien zu essbaren Pflanzen. (…) Sein Fleisch wurde zur Erde und sein Blut zu Wasser"*. (Apuzzo/D´Ambrosio, 2008) Die enge Verbindung zwischen Mensch (von Plato einmal als *„federloser Zweifüßer"* bezeichnet) und Huhn demonstrieren Kunstwerke aus allen Zeiten – Zeichnungen, Gemälde und Cartoons (von Hans Thoma bis Peter Gaymann), Mosaiken, Statuen und Brunnenverzierungen –, aber auch Gebrauchsgegenstände und Hausrat, Briefmarken oder Werbeplakate. Wer mehr darüber wissen möchte, dem empfehle ich den Bild-Text-Band von Prof. Scholtyssek über „Das Huhn in der Kunst", in dem knapp 200 Beispiele aus allen Bereichen der Kunst zusammengetragen sind.

Kinder und Hühner

Früher lebten, wie in asiatischen Ländern teilweise noch heute, Menschen und (selbstverständlich frei laufende) Hühner auch in unseren Breiten eng zusammen. Auch in bäuerlichen Kleinbetrieben bestand dabei ein nahes und freundschaftliches Verhältnis zu den Haus- und Nutztieren, von denen jedes mit einem Namen gewürdigt wurde.

Viele ältere Leute erinnern sich gern an ihre Kindheit, die sie auf den Bauernhöfen ihrer Eltern oder Verwandten zugebracht haben und dabei oft eine besonders innige Beziehung zu ihrer Lieblingshenne aufbauten, die sie auf den Arm nehmen, streicheln, auf der Schulter herumtragen oder gar an der Leine spazieren führen konnten. Auch heute findet sich noch gelegentlich ein enges Verhältnis zwischen Kind und Huhn, wie es z. B. eine dpa-Meldung vom 26.6.2008 in der „Schwäbischen Zeitung" bekundete: Auf dem Foto war der 10-jährige Martin zu sehen, der am liebsten mit seinem Huhn Prillan auf der Lenkstange seines Fahrrads durch den Allgäuort Krugzell fährt. Die von klein auf an den Jungen gewöhnte Henne scheine, so die Meldung, *„die regelmäßigen Ausflüge durchaus zu genießen"*. Für den dänischen Dokumentarfilm „Meine Hühner und ich"[5] durften die Töchter sogar den imposanten New-Hampshire-Hahn streicheln und in der Badewanne duschen, was dieser willig und gemüthaft über sich ergehen ließ. Ein Mädchen aus unserem Bekanntenkreis entschloss sich nach einem Fernsehfilm und Besuchen unseres Hühnerhofs spontan, in der Schule ein Referat über Hühner zu halten, und legte zu diesem Zweck ein Heft an, in dem es Federn und Fotos einklebte, Zeichnungen anfertigte und erklärende Texte verfasste. Kinder unterscheiden noch nicht zwischen Haus- und Nutztieren; wenn ein nicht-menschliches Lebewesen jeder Couleur zutraulich und handzahm wird, avanciert es auch oft zum Streichel- und Kuschelobjekt für kleine Menschen. Angesichts unseres eigenen Kuscheltieres Wuschel möchte ich deshalb der Meinung von Peitz/Bauer widersprechen, man könne mit Hühnern nicht *„kuscheln wie mit einer Katze oder einem Hund"*, und sie zeigten *„keine Reaktionen der Freude, wenn man sie auf den Arm nimmt"*. Vielleicht sind hier einfach die nonverbalen, artbedingten Ausdrucksformen nicht genügend beobachtet worden; ein Huhn drückt seine Freude eben anders aus als eine Katze.

Mit fortschreitendem Alter, beeinflusst von den Ansichten der Erwachsenen und einhergehend mit dem Übergang vom Fühlen zum Denken, verliert sich bei Kindern meist die innige Verbundenheit mit Tieren wie Hühnern, die dann zu reinen Nutztieren herabgestuft werden. Allerdings sind ältere Kinder auch durchaus in der Lage, dem Nutztier Huhn Achtung entgegenzubringen, wie der „Internationale Kinderfragebogen" der Journalistin Beatrix Schnippenkoetter zeigt. In diesem, seit dem Jahr 2000 im Berliner „Tagesspiegel" veröffentlichten Bogen wurde Kindern aus aller Welt unter anderem die Frage gestellt: „Wenn du ein Tier sein könntest, welches wäre das?" Zwei Antworten drückten sowohl Wertschätzung für Hühner wie auch soziales (Opfer-)Denken aus: *„Hühner sind essbar und ernähren die Menschen"* (Paulino, 11, aus Guinea-Bissau) und *„Hühner haben gutes Fleisch, das man essen kann"* (Awa, 9, aus Mali).

Sympathische Fernbeziehung

Trotz der mit zunehmendem Alter gewachsenen Entfremdung finden auch heute noch die meisten Erwachsenen Hühner sympathisch, wenn auch oft nur in ihrer kuscheligen Form als Küken.

„… Sagen wir es laut: dass ihm unsre Sympathie gehört, selbst an dieser Stätte, wo es – ,stört'!", bekennt Christian Morgenstern in seinem *Gedicht über das in der Bahnhofshalle hin und her gehende Huhn.*[6]

Diese sympathische Beziehung zeigen in auffälliger Weise die Umsätze auf, die vor allem zur Osterzeit in Geschäften wie im Versandhandel mit allen möglichen (und unmöglichen) Gebrauchs- oder Schmuckartikeln in Hühnerform – zusammen mit den omnipräsenten Hasen – sowie mit entsprechenden Darstellungen auf Tischtüchern, Kleidung oder Bettwäsche erzielt werden. Bekannt und beliebt ist etwa nach wie vor das Ess- und Trinkgeschirr mit dem über

100 Jahre alten Dekor „Hahn und Henne" des Keramikherstellers Zeller aus Harmersbach/Ortenaukreis, mit dem sich nicht nur Hobbyzüchter den täglichen Anblick dieser Tiere ins Esszimmer holen.

Die enge Beziehung Mensch – Huhn findet ihren Ausdruck auch in zahlreichen Vergleichen und Redensarten, in denen die geflügelten Mitgeschöpfe (zusammen mit den indirekt gemeinten Menschen) mal besser, mal schlechter wegkommen. Da ist die Rede vom *„verrückten Huhn"*, das *„Federn lassen"* muss, vom *„Hahn im Korb"* oder vom *„eingebildeten Gockel"*. Man hat mit jemandem *„ein Hühnchen zu rupfen"*, ist der Meinung, dass *„ein blindes Huhn auch einmal ein Korn findet"*, und möchte nicht *„das Huhn schlachten, das goldene Eier legt"*. Nach belanglosen Dingen *„kräht kein Hahn"*, nicht einmal ein *„Kampfhahn"* oder ein *„guter Hahn, der nicht fett wird"*. Und manchmal ist es besser, *„den Schnabel zu halten"*.

Das christlich-anthropozentrische Weltbild

An dieser Stelle sollen kurz die Hintergründe beleuchtet werden, die das Verhältnis von Mensch und Tier im Laufe der Jahrtausende so belasten konnten, dass in alten Kulturen angebetete und für heilig gehaltene Lebewesen, nämlich die Haushühner, heute als minderwertig und ausbeutbar angesehen werden. *„Woher"*, so fragen wir zugleich mit Unterweger, *„nehmen wir das Recht, anderen Lebewesen Leid zuzufügen, sie zu quälen und ihrem Leben unnötigerweise ein verfrühtes Ende zu bereiten"*?

Das Denken vieler Menschen unseres Kulturkreises ist nach wie vor durch das römische Recht, das Tiere als Sachen behandelte, und die jüdisch-christlichen Lehren beeinflusst. Die herausragende Rolle spielt hierbei die falsche Interpretation des Herrschaftsauftrags in

Genesis 1, 28 (siehe Literaturverweis): „... *Füllet die Erde und machet sie euch untertan und herrschet über die Fische im Meer und über die Vögel unter dem Himmel und über alles Getier, das auf Erden kriecht.*" [7] Aufbauend auf dem Neuen Testament, in dem die Fürsorge für das Tier weitgehend verloren ging, duldete die Kirche die Nutznießerfunktion des Menschen. Dieser herrschenden Meinung widersprechende Passagen, ja ganze Evangelien aus den apokryphen Urschriften wurden bewusst getilgt, um die einzigartige Stellung des Menschen gegenüber seinen missachteten Mitgeschöpfen aufrechtzuerhalten. Schöpfungsethische Denker wie Franz von Assisi oder Albert Schweitzer konnten sich mit dem Prinzip „*Ehrfurcht vor dem Leben*" (d. h. vor allem Lebendigen) letztlich nicht grundlegend durchsetzen. Erst heute kommen die christlichen Kirchen langsam zu der Erkenntnis, dass mit dem Genesis-Text kein Freibrief für eine schrankenlose Ausbeutung der Natur gemeint sein darf, sondern eine Art Verweserschaft oder achtsame Elternschaft, eine Stellung ähnlich der des „älteren Bruders" (obwohl wir eigentlich die entwicklungsgeschichtlich Jüngeren sind).

Zu diesen religiösen Motiven gesellten sich spätestens seit dem 19. Jahrhundert wirtschaftliche sowie wissenschaftliche Interessen, die ethischen Forderungen auf dem Gebiet des Tierschutzes gegenüberstanden. Willfährige Gutachter und Richter vermochten beispielsweise – im Gegensatz zu breiten Schichten der Bevölkerung mit „klarem Menschenverstand" – in der bestehenden Käfighaltung von Hühnern keinerlei dem Tierschutzgesetz widersprechende Tierquälerei zu erkennen; ebenso wurde weiterhin erlaubt, Tieren in Laborexperimenten Leid zuzufügen, sofern dies für gewisse menschliche Zwecksetzungen sinnvoll und „notwendig" sei. Der Ausbeutung von Lebewesen, denen auf der Hierarchieskala ein „minderer" Wert als derjenige des Menschen zuerkannt wurde, war damit weiterhin Tür und Tor geöffnet.

Einem Wesen, das „zufällig" als Mensch geboren ist (bzw. das sich, nach einem anderen Erklärungsansatz, für ein Leben als Mensch entschieden hat), wird nach dieser Denkweise automatisch ein höherer Platz auf der Werteskala eingeräumt als einem Wesen, das, ebenfalls „zufällig", als unser *kleinerer Bruder"* (Franz von Assisi) diese Welt betrat. Zugleich wird davon ausgegangen, dass dieses Menschwesen auf viel höheren und wichtigeren geistigen und physischen Ebenen des Daseins lebt und das Tierwesen ihm in jeder erwünschten Weise dienstbar zu sein hat. Zwar haben wir irgendwie den Gedanken der Mitgeschöpflichkeit, der auch in unser Tierschutzgesetz übernommen wurde, akzeptiert, *„aber zugleich die Hintertür offengelassen, um ihre Normen zu umgehen"* (Teutsch, 1987). Worte wie Respekt oder Achtung vor einem Geschöpf, das wie jeder von uns mit einer (spirituellen) Aufgabe angetreten sein könnte, haben deshalb keinen Platz in diesem Denken, gegen das sich u. a. Schopenhauer mit den Worten wehrte: *„Die Welt ist kein Machwerk, und die Tiere sind kein Fabrikat zu unserem Gebrauch. Nicht Erbarmen, sondern Gerechtigkeit ist man den Tieren schuldig."*

Haben Tiere eine Seele?

Parallel zur Diskussion um Herrschaft – und mit dieser eng zusammenhängend – spielt sich eine zweite, zweigeteilte ab: diejenige um die Frage, ob Tiere eine Seele haben, und, wenn ja, ob diese so unsterblich wie die menschliche ist. (Hierbei gehe ich von der gängigen Meinung aus, dass der Mensch im Besitz einer Seele ist, auch wenn Chirurgen *„nie eine solche zu Gesicht bekommen"* haben.) Anscheinend übersehen die Verneiner, dass sich z. B. das italienische, französische oder englische Wort für „Tier" vom lateinischen *„anima"* (Lebensprinzip, Atem, Seele) ableitet; auch im Deutschen kennt man den Begriff „animalisch" für „tierhaft". Die provozierende Frage *„Wie kann man im Ernst behaupten, Tiere besäßen keine Seele?"* richtet Luise Rinser[8] an alle vom jüdisch-christlichen Denken beeinflussten Menschen, an unsere Kirchen, die – im Gegensatz zu ihren östlichen Pendants und den philosophischen Gründervätern unserer westlichen, hellenistisch geprägten Gesellschaft – jeder Art von Tier jahrhundertelang den Besitz einer Seele abgesprochen haben. Allein der Mensch verfüge über ein unsterbliches Leben, während die Tiere nichts seien als *„verbrauchbares Material zum Nutzen des Menschen als des Herrn der Schöpfung in Zeit und Ewigkeit"* (Drewermann). Diese befanden sich damit in guter Gemeinschaft mit Angehörigen „primitiver" Stammesgemeinschaften, mit Indianern und Aborigines (die ihrerseits nie an der Existenz einer Seele bei Tieren zweifelten), also mit Menschen anderer Lebensart und Hautfarbe – sowie mit Frauen, denen vom männlichen Klerus ebenfalls lange Zeit eine Seele abgesprochen worden war. Kirchenleute sowie andere „europäische Denker" wachten also, wie Albert Schweitzer einmal bitter formulierte, darüber, *„dass ihnen keine Tiere in der Ethik herumlaufen"*. Erst mit Papst Johannes Paul II. und seinen Assisi-Reden im März 1982, in denen er den *„vernunftlosen Wesen"* immerhin etwas zugestand, *„das dem göttlichen Lebenshauch sehr ähnlich ist"*, trat ein gewisses Umdenken innerhalb der katholischen Kirche ein, die sich seit zwei Jahrtausenden *„in einem inneren Konflikt zwischen einem auf den Menschen gerichteten Fundamentalismus und einer franziskanischen Sicht der Schöpfung"* (Apuzzo/D'Ambrosio, 2008) befindet. Wenn wir zugeben würden, dass Tiere eine Seele haben, müssten wir viele unserer auf den Menschen gerichteten Sicherheiten aufgeben, vom Elfenbeinturm des Anthropozentrismus herabsteigen und unsere Beziehung zur Schöpfung neu überdenken. Wer hierzu noch nicht bereit ist, mag als vorläufigen Kompromiss und kleinen Schritt in die richtige Richtung seinem Haustier immerhin den Respekt entgegenbringen, den Gandhi einmal als Geschenk des Hinduismus an die Menschheit bezeichnet hat, und es in einer humanen Art und Weise behandeln und würdigen. Als weitere Kompromisslösung bieten verschiedene esoterische Richtungen die Existenz einer „Gruppenseele" für jeweils eine Tierart an. Dadurch wird dem einzelnen Tier eine Art Seele zwar nicht generell abgesprochen, aber dennoch eine individuelle Seele verweigert. Dies steht im völligen Gegensatz zu den täglichen Erfahrungen, die wir Tierhalter mit unseren Gefährten machen, zu den Aussagen von medial begabten und zur Kommunikation mit Tieren fähigen Menschen. Erfahrungsberichte über tierisches Verhalten, das nicht anders als mit dem Vorhandensein von Geist und Seele zu erklären ist, sind tausendfach dokumentiert, werden in Zeitschriften einem großen Publikum unterbreitet und können in einschlägigen Büchern nachgelesen werden. Für mich steht fest: Jedes einzelne unserer bisherigen Haustiere war mit einer ihm eigenen Persönlichkeit, einer individuellen Seele ausgestattet, vielleicht sogar mit einer sogenannten „alten" Seele, die dieses spezielle Lebewesen entwicklungsmäßig weit über Menschen mit „jungen" Seelen hinaushob. Hinter dieser Behauptung steht natürlich der – jeder Religion ursprünglich eingeschriebene und von zahlreichen Hinweisen gestützte – Glaube an das Prinzip der Reinkarnation, an wiederholte Erdenleben in wechselnder Gestalt.

Schließen wir mit der Frage, die bereits in den 1960er-Jahren der Biologe und Naturforscher Adolf Portmann an den Anfang seines Beitrags „Haben Tiere eine Seele?" (in: Teutsch, 1987) gestellt hat:

„Darf man wirklich im Ernst fragen, ob Tiere eine Seele haben – ist die Antwort nicht selbstverständlich –, ist es nicht für jeden, der mit Tieren vertraut ist, selbstverständlich, dass diese Wesen beseelt sind, dass sie empfinden und erleben ähnlich wie wir, dass sie Stimmungen unterworfen sind wie wir, dass sie Zuneigung und Ablehnung unter sich wie im Umgang mit uns Menschen zeigen?"

Für Hühnerfreunde eine wahre Fundgrube: Es gibt allerlei Bastel- und Töpferarbeiten rund ums Huhn.

Haushaltsgegenstände in Hühnerform bzw. mit Hühnerdekor.

4

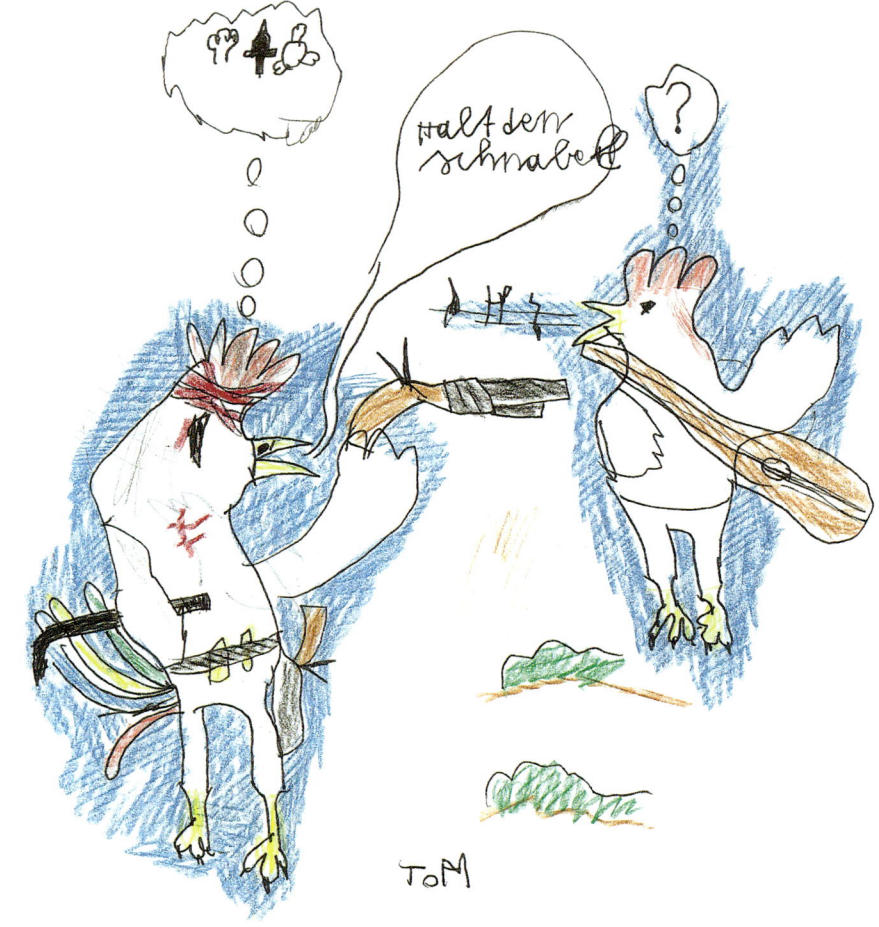

Hühner als menschenähnliche Comic-Figuren, ausgedacht und gezeichnet von Tom (8 Jahre).

GIBT ES TELEPATHISCHE TIERKOMMUNIKATION?

Verständigung mit Tieren

Wie verständigt man sich als Mensch mit seinen Tieren? Wie nimmt man deren Signale, vielleicht sogar Botschaften auf? Wie teilt man ihnen mit, was man zu sagen hat?

Die Ebene, die den meisten Menschen vertraut ist, ist die der Sprache. So wie wir uns mit unseren eigenen Artgenossen unterhalten, sind wir gewohnt, auch mit Tieren umzugehen. Wir erteilen einem Hund verbal Signale, sprechen besänftigend auf eine fauchende Katze ein, hören und interpretieren das Legegackern einer Henne.

Stellen Sie sich nun aber vor, Sie kommen im Urlaub in Kontakt mit Menschen, die Ihre Sprache nicht beherrschen. Um dennoch mit ihnen kommunizieren zu können, haben Sie (neben der Methode „mit Händen und Füßen") zwei Möglichkeiten: Sie lernen deren – für Sie zunächst fremde – Sprache oder Sie bedienen sich eines Übersetzers. Exakt diese beiden Methoden wenden wir an, wenn wir uns über die verbale Kommunikation hinaus mit Tieren verständigen wollen: Wir lernen, die körperlichen Ausdrucksformen des jeweiligen Tieres zu beachten und zu interpretieren, oder wir versuchen, auf intuitiv telepathischem Weg Botschaften zu senden und zu empfangen (notfalls mithilfe eines Tierkommunikators als Übersetzer).

Die Bedeutung der Körpersprache

Neben der verbalen Ebene existiert also eine weitere, genauso bedeutende, deren Signale sowohl unbewusst wie absichtlich abgesandt und registriert werden. Man könne, so die Psychologen, *„nicht nicht kommunizieren"*, da bereits durch Mimik, Gestik oder Körperhaltung dem Gegenüber Botschaften vermittelt werden. Wer gelernt hat, bewusst auf die nonverbalen Ausdrucksformen zu achten, dem erschließt sich eine neue Welt, die tiefere Einblicke gestattet, als dies auf der rein sprachlichen Ebene möglich ist.

Auch die Kommunikation zwischen Mensch und Tier spielt sich zunächst weitgehend auf dieser Ebene ab – der Ebene der Körpersprache, der Bewegungen, des Verhaltensrepertoires –, oft sogar vor einem oder statt eines verbalen Kontakts. Wir registrieren offensichtliche Botschaften wie das Schwanzwedeln oder Zähnezeigen eines Hundes, wissen, dass eine um unsere Beine streichende Katze Zuwendung und Streicheleinheiten möchte, erkennen das freudige Gebaren eines Wellensittichs bei unserer Rückkehr. Auch unsere

Hühner zeigten uns durch ihre Körpersprache, dass sie nicht gut drauf waren, sich wohlfühlten oder sich über etwas freuten. Wenn Quax kräftig und klatschend mit den Flügeln schlug oder Bella kurz mit ihrem ballonförmigen Schwanz hin und her wackelte, wussten wir dies als Ausdruck der Lebensfreude zu deuten; wenn Bella nach dem morgendlichen Öffnen der Stalltür umgehend zur Steinplatte marschierte, auf der normalerweise das Trinkwassergefäß stand, und mich herausfordernd ansah, wusste ich, dass sie mich auf dessen Fehlen aufmerksam machte. So wie wir unsere Hühner beobachteten, um ihre Ausdrucksweisen kennenzulernen, so lernten auch die Tiere im Lauf der Zeit, unser Aussehen, unsere Sprechweise, Bewegungen und Verhalten einzuschätzen. Eine Wurfbewegung mit dem Arm wurde dann als Bestandteil der Körnerfütterung interpretiert, auch wenn die Hand leer war (entsprechend dem Stöckchenwerfen beim Hund); das Herzeigen und Schwenken des Mehlwurmglases rief augenblicklich die ganze Schar herbei. Ein langer Stock in unserer Hand hatte für eine gewisse Zeit die höchste Alarmstufe signalisiert, da er immer dazu benutzt wurde, die Hühner irgendwo hin- oder wegzutreiben; allmählich trat dann ein Gewöhnungseffekt ein, sodass zwar die Bedeutung des Stocks dieselbe geblieben war, er selbst aber nicht mehr sonderlich ernst genommen wurde und man entsprechend eher verdrießlich gelassen darauf reagierte.

Auch das Anpassen unserer Bewegungen an die Bedürfnisse schreckhafter Hühner, eine achtsam gemächliche Körpersprache, das Sprechen in einer ruhigen Art und stets in der gleichen Stimmlage, das Vermeiden jeder Hektik rechne ich durchaus zur gegenseitigen Kommunikation, da wir dadurch ihr Vertrauen stärkten und signalisierten: Keine Aufregung, wir wollen euch nicht erschrecken, wir meinen es gut mit euch! Wir gingen in die Knie, streckten vorsichtig die Hand aus – Signale, die Entgegenkommen und Beruhigung bedeuten. Äußersten Stress dürften somit nur die wenigen Situationen hervorgerufen haben, in denen wir gezwungen waren, ein Huhn einzufangen (z. B. um es zu untersuchen oder ihm ein Medikament zu verabreichen). Wenn dies aus bestimmten Gründen nicht im abendlichen Stall möglich war, mussten wir zum Kescher greifen und ihn dem Tier überwerfen. Verständlich war dann, dass die betroffene Henne uns tagelang äußerst misstrauisch begegnete und einen großen Bogen um uns machte. Beeindruckt hat mich folgende Szene aus einem Film, den ich zur Demonstration dieser Problematik oft Schülern vorgeführt habe: Darin wird der Angestellte einer Bodenhaltungshühnerfarm gezeigt, der sich vor dem Betreten des riesigen Stalls durch Klopfen an der Tür „anmeldet", diese vorsichtig öffnet und sich dann gemessenen Schrittes mit seinem Schiebewagen zum Eier-Einsammeln durch eine amorph scheinende Masse Zigtausender von Hühnern hindurchbewegt. Deshalb wurden Kinder (und ahnungslose Erwachsene) bei ihren Besuchen in unserem Garten vor der Kontaktaufnahme mit den Hennen angewiesen, mit diesen langsam und ohne hektische Bewegungen umzugehen, sich in die Hocke zu begeben, die Annäherung der Tiere geduldig abzuwarten und sie auf keinen Fall zu scheuchen. Auf diese Weise ließen sich die Tiere – nach anfänglichem Fremdeln – aus der Hand füttern oder, wie Wuschel, sogar zum Streicheln auf den Arm nehmen. Wahrscheinlich hat MacDonald (2007) diese Regel nicht beachtet, als sie zu ihrer Erkenntnis kam: *„Hühner sind entsetzlich dumm. (…) Sooft ich die Tür zum Hühnerstall öffnete, flatterten sie wie die Verrückten umher, gackerten aufgeregt und rannten sich gegenseitig über den Haufen."*

Meine Freunde, die Tiere

Wollten Sie nicht schon immer wissen, wie sich Ihr Haustier mit all seinen Eigenheiten und Problemen selbst beschreiben würde, was es über die Haltungsbedingungen und Sie denkt – und was es Ihnen eventuell sonst noch gern mitteilen möchte? Wenn ich morgens den Hühnerstall betrat und Bella mich mit einem durchdringenden Piepsen, in wechselnden Tonlagen und mit zunehmender Intensität, empfing, war ich mir sicher, dass sie mir etwas mitteilen wollte: über einen Traum, den Tagesbeginn, das Mistwetter vor der Tür, Schmerzen in den Beinen – was auch immer; ich aber sah mich bedauerlicherweise nicht in der Lage, die Botschaft zu empfangen oder gar zu erwidern. Durch all die Jahre unseres Umgangs mit Tieren habe ich deshalb immer wieder das Bedürfnis verspürt, mich mit ihnen auf einer anderen als der üblichen Ebene auseinanderzusetzen. Ich hatte das deutliche Gefühl, den tierischen Mitbewohnern, ihren Sorgen und Bedürfnissen durch eine Mensch-Tier-Beziehung, wie sie in ihrer hierarchischen Struktur und distanzierten Ausprägung für die meisten Menschen leider „normal" ist, nicht gerecht werden zu können.

Auf einer beobachtenden, intuitiven und emotionalen Ebene war ich Tieren immer schon nahe, den einen mehr, den anderen weniger; später kam durch das Studium noch der wissenschaftliche, analytische und kategorisierende Aspekt hinzu, der den anderen, ursprünglicheren oft überdeckte und verdrängte. Dennoch setzte sich, gemeinsam mit meiner Frau Anna, allmählich eine Einstellung und Lebensweise durch, die es uns weitgehend unmöglich erscheinen ließ, unsere als Freunde zu betrachtenden Mitlebewesen schlecht zu behandeln oder gar aufzuessen. So wurden wir zu Vegetariern – im Denken und in der Ernährung. Daneben konnte ich allerdings akzeptieren, dass Naturvölker Tiere jagen und essen (müssen), jedoch nicht ohne sich vorher beim Geist des jeweiligen Opfers zu entschuldigen.

Telepathische Tierkommunikation

Ein Thema, das mir, obwohl und weil umstritten, sehr am Herzen liegt, möchte ich zum besseren Verständnis der nachfolgenden Kapitel noch voranstellen. Es handelt sich um die dritte und schwierigste Stufe der Kommunikation zwischen Mensch und Tier, die sich ohne die äußeren Signale von Sprache oder Körpersprache ausschließlich auf einer intuitiv mentalen Ebene abspielt: die „telepathische Tierkommunikation". Diese Art der Verständigung ist – nach meiner Erinnerung seit dem Film „Der Pferdeflüsterer" mit Robert Redford – unter der Bezeichnung „Flüstern" in Mode gekommen, sodass insbesondere in den Medien jeder, der sich auf eine dem Betrachter unerklärliche Weise mit einem Tier in Verbindung setzt, es zu Reaktionen veranlasst, es „versteht", als Pferde-, Hunde- oder sonstiger Flüsterer apostrophiert wird. Verschiedene Anläufe zu dieser Art von Verständigung waren bei mir bisher leider erfolglos geblieben, aus welchen Gründen auch immer. Weder die Anleitungen im Buch und CD-Grundkurs „Gespräche mit Tieren" von Penelope Smith, der US-amerikanischen Pionierin der *Animal Communication*, noch autodidaktische Versuche haben das gewünschte Ergebnis gebracht.

Meinem Hühnertagebuch entnehme ich allerdings, dass es gewisse Situationen gab, bei denen von vorsichtigen und „erfolgreichen" Anfängen dieser Art von Kommunikation gesprochen werden könnte. So habe ich einmal notiert: *„Die Hühner hören interessiert zu, wenn man einzeln mit ihnen spricht, vor allem abends. Und sie befolgen manchmal, was man ihnen sagt (Quax geht relativ still in den Stall zum Legen)."* Ein anderes Mal marschierte Bella ständig unruhig aus dem Stall raus und wieder rein, wollte offenbar ein Ei legen, aber ihre Lieblingskiste war von Quax besetzt. *„Ich habe Bella gefragt, wo das Problem sei, in die zweite Kiste zu gehen und zu legen, was sie dann schlussendlich auch tat."*

Erst als mir Tatjana Adams' Buch „Von Hühnern und Menschen" (2012) in die Hände fiel, in der die Tierkommunikatorin Gespräche mit ihren eigenen Hühnern protokolliert, kam bei mir wieder der Wunsch auf, im Rahmen meines Buches einen erneuten Vorstoß zu unternehmen und möglicherweise „Aussagen" unserer Hühner einzuarbeiten. So habe ich mich erneut mit dieser Thematik befasst, weitere Bücher gewälzt und schließlich Frau Adams gebeten, anhand von Fotos Kontakt zu unseren Hennen Bella und Quax aufzunehmen. Nach deren Befragung erhielt ich die „Gesprächsprotokolle" zugesandt; die übermittelten Durchsagen der Hühner sind natürlich von der Kommunikatorin ausformuliert, die sich nach eigenem Bekunden als *„Botschafterin der Tiere"* sieht, *„überwiegend Text, selten Bilder"* empfängt (wobei Gefühle immer dazugehörten) und die Aussagen ungefiltert weitergibt.

Wessen Denken nicht in vorgefertigten, abgeschlossenen Bahnen verläuft und wer offen für einen Flirt mit Neuem ist, mag sich durch die folgenden Passagen zum Nachdenken und zu neuen Sichtweisen anregen lassen. Andere dürften verständnislos den Kopf schütteln über etwas, das immer noch sehr fremd in unserer materialistisch ausgerichteten Gesellschaft ist, und mich zu einem leichtgläubig-verrückten Esoteriker erklären (ein Kompliment, das ich gerne akzeptiere). Eine derartige Spanne der Meinungen habe ich auch erlebt, wenn ich im Bekanntenkreis das Gespräch auf die Tierkommunikation im Allgemeinen und auf unsere speziellen Erfahrungen damit brachte: ein mildes Lächeln, betretene Gesichter, ungläubiges Staunen – und dann doch gelegentliches Nachdenklichwerden mit positiven Rückmeldungen. Ein befreundeter Wirtschaftsingenieur teilte mir etwa mit, er habe die in seinem Hausflur wohnende Spinne wissen lassen, sie sei hier sicher und dürfe weiterhin hier bleiben – eine wohl scherzhaft gemeinte, aber immerhin die gedankliche Beschäftigung mit dem Thema dokumentierende Aussage.

Als naturwissenschaftlich geschulter Mensch hatte ich selbstverständlich auch meine Bedenken und Zweifel, ob eine solche Kommunikation tatsächlich funktionieren kann; ein Prinzip meines Lebens besteht jedoch darin, nichts im Voraus für unmöglich zu halten, sondern offen zu sein, sich ein eigenes Bild und eigene Erfahrungen zu machen und erst danach zu urteilen.

Voraussetzung für eine nonverbale, telepathisch oder wie auch immer geartete Unterhaltung mit Tieren ist natürlich, dass man ihnen Bewusstsein, Intelligenz und Urteilsvermögen, also schlichtweg einen „Verstand" zugesteht, dass man akzeptiert, dass sie individuelle Probleme und eigene Meinungen haben können und auch bereit und in der Lage sind, uns diese auf irgendeinem Weg zu übermitteln. An dieser Stelle wird sich, neben dem Vorwurf der „Vermenschlichung", bei vielen Mitmenschen vielleicht wieder das gewohnte Denken in Hierarchien und Kategorisierungen einschleichen: Hunde, Delfine, Primaten (sogenannte „höhere" Tiere, denen man eine gewisse Intelligenz zugesteht): vielleicht ja; Würmer, Insekten und andere „niedere" Tiere: auf keinen Fall! Und Hühner?

Gespräche mit Hühnern

Bereits in Adams' Gesprächen mit ihren eigenen Hühnern ist mir aufgefallen, dass sich diese sehr unterschiedlich – und vor allem unterscheidbar – äußern: zu den verschiedensten Themen wie Angst, Vertrauen oder Körpergefühle, außerdem auf individuelle Weise und unterschiedlichem Niveau. Deshalb sah ich mit gespannter Erwartung den Gesprächsprotokollen (im weiteren Verlauf des Buches als „GP" abgekürzt) mit unseren beiden Hennen entgegen – und ich wurde nicht enttäuscht. In den offenen und präzisen GP-Aussagen, die in den folgenden Kapiteln eingestreut sind, ist jedes der beiden Hühner mit seiner Persönlichkeit und seinen Eigenheiten, seinen Problemen und Wünschen deutlich erkennbar – die sofort auf der Zunge liegende Unterstellung beliebiger und austauschbarer Formulierungen ist daher gegenstandslos. Allerdings existieren durchaus auch übereinstimmende, wenn auch unterschiedlich formulierte Ausführungen, wenn etwa bezüglich der Qualität unserer Betreuung oder der Akzeptanz des gegenwärtigen Lebens gleiche Meinungen vorliegen. Unsere eigenen, intensiven Beobachtungen, Einschätzungen und Sichtweisen konnten durch die GP-Protokolle in weiten Teilen bestätigt werden; überraschend aber gab es Abweichungen, die uns erheblich zum Nachdenken gebracht und neue Perspektiven eröffnet haben.

Träume und ihre Botschaften

Ich gehe davon aus, dass sich Tiere untereinander zunächst telepathisch zu verständigen suchen; erst wenn diese Methode, aus welchen Gründen auch immer, nicht ausreicht, werden nonverbale oder gar verbale Signale gesetzt. Es wird außerdem vermutet, dass sich Tiere mehr Mühe geben, mit uns mental telepathisch Verbindung aufzunehmen, als wir denken; allerdings erreichen die meisten Gedanken uns nie.

Möglicherweise gehören deshalb auch Träume und ihre Botschaften in den Bereich der Kommunikation. Denn, ob Sie es glauben oder nicht (und passionierte Tierfreunde und -halter werden dies bestätigen können): Wir träumen gelegentlich von unseren Haustieren! Ob Hund, Katze oder Huhn: Sie schleichen sich in unsere Träume ein, um ihre Verbundenheit mit uns zu zeigen – oder, für Zweifler neutraler ausgedrückt: was unsere Verbundenheit oder gedankliche Beschäftigung mit ihnen dokumentiert. Wolf-Dieter Storl (2008) berichtet über ein Kindheitserlebnis, bei dem ihn ein Huhn des

Nachbarn im Traum zum „Fliegen" aufforderte. Flatterte er anfangs, mit den Armen rudernd, ungeschickt los, so vermochte er in den folgenden Nächten bereits abzuheben; er *„flog weit und hoch über der Erde"*, nur das Herunterkommen und Landen gestaltete sich weiterhin schwierig. Einmal träumte ich von einem schwarzen Hahn (Blacky?) in unserem Garten, neben dem sich aber viel weiteres Geflügel sowie zwei Kälbchen aufhielten. Einen weiteren Hühnertraum, den wohl schönsten und witzigsten, möchte ich Ihnen nicht vorenthalten:

Ich sitze auf der Terrasse in der Hocke, vor mir die Schar der Hühner. Da kommt Bella, ziemlich zerzaust wie in der Mauser, auf mich zu, hüpft auf mein linkes Knie und beginnt aufgeregt zu erzählen: *„Du glaubst gar nicht, was mir vor dem Rupfen passiert ist …"* Und das in reinem Schwäbisch! Leider kann ich mich an eine Fortsetzung des Gesprächs nicht erinnern; wahrscheinlich war die Traumsequenz damit zu Ende. So wissen wir heute immer noch nicht, was ihr „vor dem Rupfen passiert" ist, amüsieren uns aber nach wie vor köstlich, wenn die Rede auf diesen Traum kommt (und ernten verständlicherweise manchmal seltsame Blicke, wenn wir dieses Erlebnis erzählen).

Hühner als Lehrmeister?

Im letzten Kapitel dieses Buches habe ich „Durchsagen" unserer Hennen Quax und Bella zitiert, in denen sie sich über die Beziehung zwischen ihnen und uns „Besitzern" äußern. Diese Passagen zeigen, dass sich auch solche Tiere, denen man gemeinhin Verstand oder Bewusstsein abspricht, sehr wohl Gedanken darüber machen, wie eine Mensch-Tier-Beziehung im Einzelnen funktioniert, was daran gut und was verbesserungswürdig ist. Den „Herren der Schöpfung" bricht kein Zacken aus ihrer Krone, wenn sie derartige Überlegungen ernst nehmen und daraus lernen.

Leider hat der Mensch aber weitgehend verlernt, dass ein Tier auch sein Lehrmeister sein kann, nicht nur Begleiter, Freund, Spielkamerad, Eierproduzent oder Ähnliches. Tiere bringen uns, so Adams, *„auf selbstlose Weise weiter auf unserem persönlichen Lebensweg"*[9]. Entsprechend führt Smith in ihrem wegweisenden Buch an verschiedenen Stellen Beispiele auf, inwiefern und in welchen Bereichen wir von Tieren lernen könnten, wenn wir nur wollten:

› alle Lebewesen in ihrem eigenen Wert erkennen und achten, so wie sie sind (Respekt und Würde),

› nicht menschliche Maßstäbe anlegen, was Intelligenz, Verstand oder Bewusstsein betrifft, sondern dies im Rahmen des je eigenen Bezugssystems (Körper, genetische Veranlagung, arteigenes Verhalten) und der individuellen Entwicklung verstehen und akzeptieren,

› zumindest für möglich halten, dass uns Tiere bewusstseinsmäßig ebenbürtig oder gar überlegen sind, wenn sie in mehreren Vorleben (auch als Menschen, wie Smith schreibt) entsprechende Erfahrungen angesammelt haben,

› nicht nur Sprache als Beweis für Intelligenz und als einzig mögliches Kommunikationsmittel verstehen, sondern offen sein für Gefühle, Gedanken, Vorstellungen und Bilder,

› unsere Wahrnehmung erweitern, indem wir uns bemühen, durch die Sinne des Tieres zu erleben und uns seine Sichtweise der Welt anzueignen,

› Tiere stärker in unser Leben einbinden, wie von ihnen gewünscht,

› uns ihre Eigenschaften zum Vorbild nehmen: natürliche Spiritualität, bescheidene Ehrlichkeit, Wahrheitsliebe, klare Geradlinigkeit, Schlichtheit, aufrichtiges und ehrliches Mitteilen, großzügiges Verschenken von Liebe, Loyalität, Hingebungsbereitschaft,

› intensiver leben, liebevoller handeln, sensibler reagieren,

› sich trotz aller Probleme ausgeglichen und zufrieden fühlen,

› sich selbst vertrauen, seinen Platz in der Welt finden und akzeptieren,
› ganz im Hier und Jetzt leben,
› nicht Wissen, sondern Weisheit anstreben, um das Leben in seiner ganzen Tiefe zu erfahren.

Ob wir all dies tatsächlich von Tieren allgemein – und ganz besonders von einem einzelnen Tier – lernen können, möchte ich in den Raum gestellt lassen. Wenn ich sehe, wie Tiere manchmal miteinander umgehen, oder wenn ich Quax' GP-Bemerkung über das Fehlen von Verständnis, Mitgefühl und Rücksichtnahme in einer Hühnerschar lese (S. 75), kommen mir doch erhebliche Bedenken. Zweifellos und überraschenderweise – denn wer hätte schon Hühnern Lebensweisheit zugetraut? – spricht eine solche aber aus vielen Äußerungen dieser Tiere. Am meisten beeindruckt hat mich die übereinstimmende Aussage unserer Hennen: Wir leben ganz in der Gegenwart, ohne der Vergangenheit nachzutrauern oder uns um die Zukunft Gedanken zu machen, und wir akzeptieren – trotz aller Probleme und Beschränkungen – das Leben so, wie es ist.

Quax: *„Ich bin im Frieden mit meiner Vergangenheit und genieße das Jetzt."*

Bella: *„Was vorbei ist, ist vorbei. Nur das Jetzt zählt. (…) Wir sind sehr genügsam und bescheiden. Und wir fügen uns in unser Schicksal. Ohne Wenn und Aber."* (GP)

Das ist wahres Zen-Denken!

Wie froh auch und gerade Hühner, denen man oft ein stumpfes Vor-sich-hin-Leben attestieren würde, über geistige Abwechslung und Herausforderung sind, zeigt der Dank unserer mit einem wachen Verstand ausgestatteten Bella am Ende des Gesprächs: *„Ich freue mich, dass ich hier so offen sprechen durfte. Das war jetzt echt ein großes Geschenk für mich. Danke."* (GP)

Von Nachbarn und Gerichtsurteilen

Unser Grundstück in einer oberschwäbischen Kleinstadt haben wir 1994 erworben. Von den insgesamt rund 830 Quadratmetern erstrecken sich etwa zwei Drittel auf die Gartenfläche; der Rest ist bebautes oder bepflastertes Gelände: Wohnhaus mit Anbau, Scheune, Terrasse, Parkplatz. Unseren Hühnern, die – wie später beschrieben – sich frei im Garten bewegen durften, standen also über 550 Quadratmeter zur Verfügung; lediglich die Blumenbeete wurden eingezäunt, damit Sämlinge oder Jungpflanzen ungestört heranwachsen konnten. Der Großteil der Fläche ist mehr oder weniger von einer Gras-, Klee- und Löwenzahnwiese bedeckt; einige hohe Bäume sowie viele Wild-, Zier- und Beerensträucher sorgen für optische Auflockerung. In den letzten Jahren wurden außerdem Teile der Wiese umgegraben, um Nutzflächen für Gemüse, Erdbeeren und Kräuter zu schaffen; außerdem habe ich – im Rahmen einer zunehmenden Umgestaltung zum „naturnahen" Garten hin – mehrere neu von Wildpflanzen zu besiedelnde Biotopflächen angelegt.

Das Grundstück wird auf zwei Seiten von Straßen begrenzt: einer relativ stark befahrenen mit Durchgangsverkehr (ihr ist zum Garten hin ein breiter Gehweg vorgelagert) und einer schmalen Nebenstraße. Die anderen Seiten des nahezu rechteckigen Areals stoßen an die durchaus unterschiedlich konzipierten und angelegten Grundstücke von drei Nachbarn. Einen Plan des Gartens sowie nähere Erläuterungen finden Sie auf der Farbtafel 6.

Rechtliche Gegebenheiten

Rigoros betont Estermann (2001) in ihrem Geflügel-Ratgeber: *„Ungeeignet ist Gelände in der Nähe starker Wohnbebauung."* Bevor wir uns endgültig zur Hühnerhaltung entschlossen, kontaktierte ich deshalb – die zahlreichen Gerichtsurteile im Blick, die in zunehmend intoleranter und prozesswilliger werdenden Ländern wie Deutschland zur Hühner- und Kleintierhaltung inzwischen ergangen sind – vorsichtshalber einen Anwalt, um mich über die Rechtslage zu informieren. Die Auskunft war eher vage: Entscheidend sei, ob das Wohngebiet einen eher städtischen oder dörflichen Charakter trage, ob eine Hühnerhaltung in der Straße üblich sei, ob die Nachbarn einverstanden seien und so weiter. Nachdem auf unserem Grundstück und einigen der benachbarten bereits früher Hühner gehalten worden waren und im ganzen Ort noch viele Ställe hinter den Häusern zu sehen sind, gingen wir blauäugig von einer „Ortsüblichkeit" aus und legten uns die ersten Hennen zu.

Drei Jahre später veranlasste eine andere Hühnerhaltung (genauer gesagt: das Gegacker und der angebliche „Gestank" von neun Hennen) in unserer Gemeinde einen betroffenen Nachbarn zur Beschwerde bei der Verwaltung. Der Fall schlug sanfte Wellen und zog eine Unterschriftenaktion (pro Hühner!) sowie einen Zeitungsbericht nach sich, in dem auch die rechtliche Klarstellung der Angelegenheit erfolgte: In der uns betreffenden Form eines *„reinen Wohngebiets"* sei die *„Kleintierhaltung ausgeschlossen"* (gelten Katzen und Hunde auch als „Kleintiere"?) und mit dem Bebauungsplan von 1974 die früher übliche Praxis von Ställen auf dem Grundstück abgestellt worden. Damit der Hühnerstall im Wohngebiet bleiben könne, müsse eine *„Befreiung"* erteilt werden; dies bedeute eine *„Planänderung im Bebauungsplan"*, welcher der Gemeinderat zustimmen müsse. Eine Befreiung könne außerdem nur erteilt werden, wenn der *„Bauherr einen Bauantrag stellt"*. Wir haben dies alles zur Kenntnis genommen und registriert, dass die fragliche, inzwischen vom Landratsamt untersagte Hühnerhaltung nicht die einzige im Umkreis ist: Wenn es, beispielsweise an einem Sonntagvormittag, ganz ruhig ist, hören wir das Kikeriki der Hähne von zwei weiteren Haltern in nicht allzu großer Entfernung.

Erstaunlicherweise äußert sich Gomringer (2012) in ihrem Ratgeber völlig gegensätzlich zur obigen Stellungnahme unserer Stadtverwaltung: *„Hühner gehören zu den Kleintieren. Deshalb ist ihre Haltung auch in reinen Wohngebieten zulässig – sofern sich die Ausmaße in Grenzen halten. Maximal zwanzig Hennen und ein Hahn gelten in rechtlicher Sicht noch als angemessen."* Wer kennt sich in diesem

Wirrwarr von Meinungen noch aus? Wahrscheinlich tut man gut daran, sich trotz unterschiedlicher Rechtsprechung an die in der Gemeinde übliche Vorschriftenlage zu halten, die von der anderer Orte durchaus abweichen kann. Es wird auf alle Fälle nicht alles so heiß gegessen, wie es gekocht wird – und notfalls kann der Bürokratie immer noch mit einem „Bauantrag" nachgeholfen werden …

Wichtig erscheint mir allerdings die Zustimmung der Nachbarn. Glücklicherweise hat es in diesem Punkt bei uns nie Probleme gegeben – im Gegenteil: Sie freuten sich überwiegend mit an der durch die Hühner hervorgerufenen Lebendigkeit unseres Gartens und wurden in den ersten reichlichen Legejahren ab und zu mit biologisch produzierten, goldgelbe Dotter enthaltenden Eiern bedacht. Von vornherein haben wir mit Rücksicht auf gute Nachbarschaft natürlich auf die Anschaffung eines Hahns verzichtet, und das wirklich seltene Gegacker einer Henne ist eher ein zur natürlichen Umwelt gehöriger Wohllaut, verglichen mit dem Lärm von Zigtausenden vorbeifahrenden Pkws und Lastwagen. Das Geruchsproblem spielte bei unserer Art der Haltung keine Rolle, da die Hinterlassenschaften der Hühner täglich abgesammelt und kompostiert wurden.

Erwähnt werden soll noch, dass auch eine noch so kleine Hobbyhühnerhaltung (sprich: Minilandwirtschaft) dem Landratsamt bzw. der Tierseuchenkasse gemeldet werden muss.

Der Hühnerstall

Auf unserem Grundstück war beim Kauf bereits eine 5 × 3,5 Meter
große Holzscheune mit Ziegelspitzdach vorhanden, die in der Mitte
durch eine dicke Bretterwand längs in zwei Hälften geteilt ist. Im nördlichen Abteil waren vor langer Zeit einmal Hühner untergebracht,
die sich in einem kleinen, danebenliegenden Auslauf tummelten.
Wer kein solch glücklicher Besitzer eines vorhandenen Hühnerstalls oder einer umbaufähigen Hütte ist, hat zwei Möglichkeiten:
bei handwerklichem Geschick den Selbstbau (Maße und ausführli-

che Bauanleitungen gibt es in der Fachliteratur, etwa bei Peitz/Bauer, in Hülle und Fülle) oder den Kauf eines Fertigstalls. Beides lässt sich in verschiedenen, von der Anzahl der Tiere abhängigen Größen verwirklichen; so reicht für zwei bis drei Hennen durchaus ein portabler Kleinststall aus. Die Angaben, wie viel Platz pro Huhn einzuplanen sei, differieren in den verschiedenen Fachbüchern erheblich: Teils werden bei leichten und mittelschweren Rassen bis zu sechs Tiere pro Quadratmeter akzeptiert (so auch die Vorgabe im ökologischen Landbau), großzügigere empfehlen eher zwei Quadratmeter „Lebensraum" pro Vogel. Hier sollte man sich von seinem Gefühl leiten lassen. Wenn genügend Auslauf vorhanden ist, braucht der Stall nicht ganz so groß zu sein.

So lächerlich wie beklemmend erscheint nicht nur mir in diesem Zusammenhang der Streit darüber, ob man einem Huhn in konventioneller Käfighaltung bzw. dem seit 2006 in Deutschland erlaubten, beschönigend als „Kleingruppenhaltung" titulierten System mit 40 bis 60 Tieren 600 (entspricht einer DIN-A4-Seite) oder gar 900 Quadratzentimeter Platz zugestehen sollte. Denkende und mitfühlende Menschen werden jede dieser Zahlen sowie die damit verbundene Einschränkung der Bewegungsfreiheit, verbunden mit dem Nichtausüben-Können weiterer artgerechter Betätigungen wie Scharren, Flügelschlagen, Sand- und Sonnenbaden, als tierquälerisch ablehnen und die auf dieser Grundlage produzierten Eier (Kennzeichnung „3" seit 2004) verschmähen.

Wussten Sie, dass das Bundesverfassungsgericht bereits 1999 festgestellt hat, dass die Verhaltensweisen Scharren, Picken, ungestörte und geschützte Eiablage, Sandbaden und erhöhtes Sitzen auf Stangen Grundbedürfnisse der Hennen sind, die mit Blick auf das Tierschutzgesetz nicht eingeschränkt werden dürften? Wie aber der Augenschein zeigt, klaffen Rechtsprechung und tägliche Praxis wie in anderen Bereichen weit auseinander!

Mir dreht sich jedes Mal der Magen um, wenn ich die Myriaden halb nackter Batteriehühner auf Fotos oder im Fernsehen anschauen muss, von denen es immerhin noch rund 5 Millionen in Deutschland gibt (Stand 2013). *„Derartige Grausamkeiten gegen Tiere sind nicht nur unmenschlich, sondern auch auf die Dauer entmenschend wirksam"*, konstatierte der berühmte Verhaltensforscher und Nobelpreisträger Konrad Lorenz in einer Streitschrift des Jahres 1976[10], und der Autor Michael Groißmeier (1999) plädiert gar dafür, alle Hühner heiligzusprechen, *„denn sie sind Märtyrer!"*.

Rechenbeispiel

Empfehlung bei privater Stallhaltung:
ø ca. 4 Tiere/m² (= 10.000 cm²) > 2.500 cm² pro Tier
Käfighaltung: z. B. 600 cm² pro Tier
Ergebnis: Im Stall hat jede Henne über 4-mal mehr Platz als im Käfig!

Auswahl des Stalls

Im ersten Ungestüm und der Vorfreude auf das Kommende, außerdem im Vertrauen auf die Erfahrung der Vorbesitzer räumte ich den mit einem abgesenkten Betonfußboden grundierten Teil der Hütte aus – darin waren allerlei Gartengeräte, Säcke mit Blumenerde und andere Gartenutensilien untergebracht –, verkleidete die Holzwände im Inneren mit einer zusätzlichen Bretterschicht als Wärmedämmung und sägte in Bodennähe ein Loch hinein, das den Ein- und Ausstieg mittels einer Hühnerleiter ermöglichen sollte.

Als alles getan war, kamen erste Bedenken: Zwar hatten hier früher Hühner gewohnt, aber dieser Stall bot seine Außenwände den Himmelsrichtungen Westen, Norden und Osten dar, und die einzige vorhandene Tür mit integrierter kleiner Fensterscheibe öffnete sich nach Osten auf unseren Hausanbau zu. Zudem war der Boden nach starken Regenfällen immer etwas feucht und trocknete langsam ab, da ihn kein Sonnenlicht erreichte. Die Vernunft gebot deshalb, nicht diesen sonnenärmeren und feuchteren Teil der Scheune als Hühnerstall zu etablieren, sondern den anderen, in Richtung Süden gelegenen, der seltsamerweise noch nie diesem Zweck gedient hatte! (Hätte ich die Fachliteratur aufmerksamer gelesen, die stets eine Südostlage empfiehlt, hätte ich mir die anfängliche Zusatzarbeit ersparen können.) Hier ist ebenfalls ein nach Osten gelegenes Fenster angebracht, dazuhin allerdings eine breite, mannshohe Tür, die sich nach Süden und damit der Krankheitserreger abtötenden Mittagssonne entgegen öffnen lässt und auch mit einer Schubkarre befahrbar ist. Nach endlosen Debatten, zähneknirschend und mit nun etwas gedämpfter Begeisterung wurden die mühevoll umgezogenen Gegenstände wieder in den nördlichen Teil verfrachtet, bis sich der Raum geleert hatte und einer hühnergemäßen Einrichtung anbot. Zunächst habe ich erneut sämtliche Innenwände mit Nut- und Federbrettern gedämmt, um im Winter die Kälte wenigstens teilweise abzuhalten und ein erträgliches Klima zu schaffen.

Das Mobiliar

Der nächste gedankliche Schritt war nun die weitere Einrichtung und Ausgestaltung des Hühnerstalls. Aus der Fachliteratur und aus Gesprächen mit anderen Haltern waren uns die „Zutaten" zumindest theoretisch bekannt; nun aber galt es, die Theorie in die Praxis umzusetzen und an die Gegebenheiten anzupassen.

Diese bestanden aus
› einem rechteckigen Raum mit einer Grundfläche von 3,2 × 2,7 Meter und einer Höhe von 2,5 Meter,

› einem betonierten Fußboden,
› einer Holztreppe, die an der Einstiegsluke zum abgeteilten Dach-
  raum endet,
› einer nach außen zu öffnenden Südtür,
› einem nach Osten gelegenen Fenster, das sich wegen der Treppe
  nur wenige Zentimeter nach innen öffnen lässt, und
› einer vor Jahren selbst gezimmerten, 80 Zentimeter hohen Holz-
  truhe (damals zur Aufnahme von Getreide zum Backen) mit zwei
  separat zu öffnenden Deckeln, die wegen ihrer Größe nicht mehr
  im anderen Hüttenteil unterzubringen war.

Die Lösung sah dann aus, wie in der Zeichnung erkennbar (siehe
Farbtafel 5): Die Truhe wurde an die Trennwand gerückt (mit etwas Abstand, damit sich die Deckel öffnen lassen) und schloss mit
dem Fuß der Treppe ab; in ihren Tiefen waren Säcke mit Hühner-
futter, Legemehl, Muschelschrot, aber auch für den Garten benötigte
Blumen- und Pflanzerde, Dünger und anderes versenkt. Vor und
links neben der Truhe befanden sich drei mit Stroh und Heu befüllte
Obst- bzw. Weinkisten, in die die Hühner ihre Eier legen konnten; die
vorderen beiden waren von einem einfachen, leicht zu entfernenden
Sperrholzüberbau mit Trennwand umgeben, sodass sich jeweils ein
dreiseitig umschlossener Legebezirk ergab. Der linke Teil des Fuß-
bodens – etwa ein Drittel der Fläche – war mit Stroh ausgelegt, einer
Einstreu zum Aufenthalt und Scharren für Schlechtwettertage. Darauf standen senkrecht mehrere Obstkistchen, denen auf Kanthölzern
große, rechteckige Bleche aufgelagert waren; auf diese fiel während
der Schlafenszeit der Kot, der dann relativ leicht beseitigt werden
konnte (eine andere Variante wäre eine Kotwanne). Darüber verliefen
zwei durchgehende Sitzstangen aus abgerundeten, glatt geschliffenen
Vierkanthölzern, vorn und hinten an den Tragebalken der Hütte be-
festigt. Vom Boden zu den Sitzstangen führte ein alter Fensterladen

aus Holz, der durch Querlatten zur bequemen Treppe für flügellahme oder flatterunfähige, weil mausernde Hühner umgewidmet wurde.

Um Kosten zu sparen, wurden vorhandene oder billig zu beschaffende Materialien verwendet. Da keine Wandfläche zur Verfügung stand, habe ich unten in die Tür eine 30 × 35 Zentimeter große Einstiegsluke gesägt, die nachts gegen unerwünschte Eindringlinge (Mäuse, Katzen, Marder, Füchse) mit einem Schieber verschlossen wurde. Mithilfe des Schlupflochs konnten die Hühner tagsüber auch bei ansonsten geschlossener Tür und ohne Hühnerleiter hinaus und hinein spazieren, sich zum Eierlegen absondern oder bei Wind und Kälte ins Trocken-Warme flüchten. Die geschlossene Türe hielt aber auch in den heißen Sommermonaten die pralle Sonne ab und verhinderte so, dass sich das Stallinnere zu sehr aufheizte.

Die Vorüberlegungen sowie die Einrichtung des Stalls haben sich bewährt, wenn auch die Hühner mit der Zeit ihre eigenen Nutzungsregeln festlegten. Den Nordteil der Hütte benutzten wir nun als Vorrats- und Werkzeugraum, in dem neben Gartengeräten, Rasenmäher und Gartenmöbeln (im Winter) auch der Vorrat an Strohballen (für Hühner und Erdbeeren) untergebracht war.

Übrigens: Es ist Ihnen unbenommen, ein Huhn auch in Ihrer Wohnung zu halten, wenn es der Mietvertrag zulässt. Vorbilder gibt es genug. So berichtete etwa die Schwäbische Zeitung in einer Kurzmeldung[11] von einer Henne namens Lotte, die in Hamburgs teurer Hafencity von einem Ehepaar in einem modernen Apartment gehalten wird und – Gipfel des Luxuslebens! – sogar ins Bett und aufs Sofa darf.

WIE VIEL AUSLAUF
BRAUCHT EIN HUHN?

Naturgarten-Paradies

Bei der Freilandhaltung von Hühnern sollte im Auslauf eine Fläche von mindestens 10, besser 15–20 Quadratmetern pro Tier nicht unterschritten werden. Allerdings sind selbst im ökologischen Landbau derzeit lediglich 4 Quadratmeter Grünauslauf pro Henne vorgesehen. Empfehlenswert sind außerdem mehrere abteilbare Areale (Wechselausläufe), die zur Vermeidung einer Überbeanspruchung abwechselnd beweidet werden können. Ansonsten haben Sie möglicherweise nach kurzer Zeit eine vegetationsfreie, „hühnermüde"

Fläche, in deren nackter und verkoteter Erde die Hühner vergeblich nach Würmern und Larven suchen werden, von frischem Grünzeug ganz zu schweigen. Zur Abschreckung sei das Beispiel eines etwa 120 Quadratmeter großen Geheges dargestellt, in dem sich Sommer wie Winter etwa 40 Hybrid-Legehennen aufhalten und das sich eher als monotone, bei Regen in Schlamm verwandelte Wüste denn als motivierender Auslauf präsentiert. Wenn ich Derartiges sehe, tut mir das darin gehaltene, verschmutzte und teils federlose Geflügel leid, das für die kleinste Salat- oder Löwenzahngabe dankbar ist.

In unserem großzügig bemessenen Hühnergarten existierte dieses Problem nicht: Jedem Tier standen umgerechnet etwa 100 Quadratmeter zur Verfügung – luxuriöse Zustände, verglichen mit ihren Artgenossen in der Käfighaltung! Unsere Hühner wussten das Paradies, in dem sie lebten, durchaus zu schätzen. So äußerte sich Quax *„froh"* darüber, *„dass hier genug Lebensraum ist"*, auch um *„Querelen"* aus dem Weg zu gehen: *„Dann gehe ich weg und es geht mir besser damit."* (GP)

Gewöhnung an den Garten

Wie dem Plan zu entnehmen ist, teilt sich unser Garten auf in einen kleineren „oberen" (südlichen) und einen größeren „unteren" Teil, die durch einen schmalen Durchgang zwischen Haus und Hütte miteinander verbunden sind. Unsere Hühner haben sich nach ihrem Einzug etwa drei Monate lang ausschließlich im oberen Teil aufgehalten, bevor sie – mit unserer lockenden Unterstützung – vorsichtig den Durchmarsch in den viel größeren und interessanteren unteren Gartenteil wagten. Nach wenigen Tagen suchten sie diesen selbstständig auf, ohne dass es weiterhin unserer Nachhilfe bedurfte. Dieses Verhalten sollten wir von der angeborenen Vorsicht der Hühner her verstehen, die sie veranlasst, sich möglichst in direkter Nähe und Sichtweite des Stalls aufzuhalten; erst wenn sie sich Zwischenziele, z. B. in Form von Sträuchern, in einer strukturierten Umgebung erarbeitet haben, erweitern sie ihren Aktionsradius. Dabei können im Lauf eines Tages gut und gern Fußmärsche von insgesamt ein bis zwei Kilometer zusammenkommen. Ein einziges Mal in fünf Jahren ist es passiert, dass das große Gartentor nicht richtig verriegelt war und wir anschließend wegfuhren. Bei unserer Rückkehr stand das Tor offen. Die Hühner mussten während dieser Zeit einmal den vertrauten Garten verlassen und – neugierig, wie sie sind – das unbekannte Areal des Vorplatzes erkundet haben, wie die hinterlegten Köttel bewiesen und Nachbarn später bestätigten. Sie haben sich aber als vernünftig genug erwiesen, sich nicht weiter in die unbekannte, wenn auch wenig befahrene Straße hineinzuwagen und nach Befriedigung der Wissbegier wieder in „ihren" Garten zurückzukehren.

Beschreibung unseres Gartens

Ich möchte Ihnen an dieser Stelle unseren Garten – und damit das weitläufige Hühnerparadies – etwas näher erläutern[12]. Seit den 1970er-Jahren habe ich die Entwicklung des Prinzips „Naturgarten" verfolgt, von den ersten Anfängen mit Urs Schwarz in der Schweiz bis zum heutigen, hauptsächlich von Reinhard Witt und seinem *Verein Naturgarten e. V.* in Deutschland gesetzten Standard. Dieser zielt insbesondere ab auf

› die Ansiedlung heimischer Wildpflanzen,
› die Anlage verschiedenartiger Biotope,
› eine naturnahe Pflege ohne den Einsatz von Pestiziden,
› die Bereitstellung von Nisthilfen u. a.,
› Unterstützung eines natürlichen Stoffkreislaufs.

In den vergangenen Jahren habe ich versucht, diese Prinzipien in unserem Garten weitgehend zu verfolgen und ihn dadurch Schritt für Schritt zu einem Ökosystem umzugestalten, das die Bezeichnung „naturnah" oder „naturfreundlich" verdient. Da wir Hühner im Garten hielten, kam ich leider um Kompromisse nicht herum; so mussten bestimmte Grasflächen öfter gemäht werden, um den Tieren ein Suchen und Scharren in der kurzen Grasnarbe zu ermöglichen, und wie viele der ausgebrachten Wildpflanzensamen trotz Schutzvorkehrungen in den Hühnermägen verschwanden, mag ich gar nicht bedenken. Im Einzelnen finden sich heute die auf den folgenden Seiten beschriebenen Areale, die jeweils bestimmte Pflanzen und Tiere beherbergen und somit durchaus beanspruchen dürfen, als Biotop bezeichnet zu werden (gemeint im ursprünglichen Sinn als „Lebensraum", nicht in der heute üblichen verkürzten Bedeutung als Feuchtgebiet oder Teich).

Wiese
Die größte Fläche des Gartens nimmt eine gewachsene Wiese ein (sie als „Rasen" zu bezeichnen, würde mir nicht in den Sinn kommen), deren Bewuchs sich aus Gräsern, Klee sowie zahlreichen Wildkräutern wie Löwenzahn, Gänseblümchen, Wegerich u. v. a. zusammensetzt. Im Bereich der Beerensträucher hat sich plattenartig Moos ausgebreitet, das von den Hühnern sehr gern gefressen wurde. Die Wiese wurde bei Bedarf an manchen Stellen mit Handrasenmäher (in Extremfällen kommt der elektrische zum Einsatz), Sense und Sichel relativ kurz gehalten, um dem Geflügel die Suche nach Bodentieren zu erleichtern und das Nachsprossen des zarten jungen Grüns zu fördern. Stellen, die sich optisch durch eine Ballung von Blumen auszeichnen, lasse ich bis zum Verblühen stehen. In letzter Zeit wurden außerdem Teile der Wiese umgegraben und hierauf Wildpflanzen ausgesät oder angepflanzt.

Blumenrabatten

Die vom Vorbesitzer angelegten Blumenbeete (zwei rechteckige Flächen mit Plattenweg) wurden in dieser Form beibehalten, allerdings durch Um- und Neupflanzungen unseren Wünschen angepasst. Die gesamte Fläche von ca. 30 Quadratmetern haben wir vor dem Einzug der Hühner mit einem flexiblen Zaun umgeben, um ihnen das Eindringen zu verwehren, das Scharren und „Blumenpflücken" zu unterbinden. Es ist das einzige Areal im Garten, das eingezäunt und somit den Hühnern nicht zugänglich war. Die kluge Bella entdeckte trotzdem, wie man durch die weiten Maschen schlüpfen kann, und fand auch wieder auf demselben Weg nach draußen. Einmal hatte ich im Frühling vergessen, das Törchen zu schließen – prompt durchstreifte das Hühnervolk die zuvor nie betretene, interessante Fläche!

Gemüse- und Erdbeerbeet, Hochbeet

Auf dieser zugegebenermaßen ziemlich kleinen Fläche bauen wir wechselnde Gemüsesorten (Kartoffeln, Möhren, Radieschen, Fenchel, Pastinaken usw.) an. Wenn frisch gesät worden war, musste die Saat durch Abdecken vor pickenden Spatzen und scharrenden Hühnern geschützt werden; waren die Pflanzen größer, betraten die Hennen das Beet kaum noch. Erstaunlicherweise wurden weder Salat noch reife Erdbeeren von ihnen an Ort und Stelle „geerntet". Das Hochbeet ist reserviert für Tomaten, Zucchini, Gurken und dergleichen. Die ehemals auf dem Gemüsebeet angesiedelten Erdbeerpflänzchen sind inzwischen auf eine separate Fläche ausquartiert, sodass der Gemüse- wie auch der Beerenertrag etwas gesteigert werden konnte.

Kräuterbeet

Ein weiterer Teil der Wiese musste einem halbkreisförmigen Kräutergarten weichen, dessen Erde durch Sand, Kies und Steine verarmt wurde, um den Effekt eines Halbtrockenbiotops zu erzielen. Außer

kalkliebenden Pflanzen wie Küchenschellen, Nelken oder Färber-
waid haben wir zahlreiche Küchen- und Heilkräuter gesät und gepflanzt – vom gängigen Thymian, Basilikum, Beifuß und Lavendel
bis zu exotischeren Arten wie Olivenkraut oder Mariendistel. Unsere
Hühner haben fleißig bei der Neuanlage geholfen, indem sie die frische Erde mehrmals umgruben und nach Würmern absuchten; seit
der dichten Bepflanzung sahen wir sie kaum noch dort.

Beerensträucher

Nördlich an die Blumenbeete schließt sich ein Areal mit alten und
neusortigen Beerensträuchern an, zu denen Rote, Schwarze und Weiße Johannisbeeren sowie Stachelbeeren zählen. Auf der Westseite der
Blumenrabatten wachsen zwei verschiedene Brombeersorten; die
ursprünglich dort vorhandenen Himbeersträucher wurden in einen
sonnigeren und besser zugänglicheren Teil des Gartens verpflanzt
und ebenfalls durch diverse neue Sorten ergänzt. Die Hühner liebten
das Unkrautjäten zwischen den Himbeerruten, da aus der gelocker-
ten Erde allerlei Kleintiere zum Vorschein kamen.

Obstbäume

Dem Anbau unseres Hauses mussten zwei alte, hochstämmige Apfelbäume weichen, die allerdings nur noch geringe Erträge boten. Übrig
geblieben ist ein hoher, ebenso alter Transparent-Apfelbaum an der
Südwestecke des Hauses, dessen Gipfel in einem Sturm mit Fall-
winden abgerissen wurde und der ebenfalls kaum noch brauchbare
Früchte hervorbringt, aber Sitzplätze für unzählige Vögel bietet. Wir
haben uns deshalb bereits vor Jahren entschlossen, mehrere Apfel-
bäumchen in Spindelform nachzupflanzen, wobei alte Sorten wie
Ontario, James Grieve usw. gewählt wurden. Leider haben Wühl-
mäuse zwischenzeitlich die Wurzeln zweier Bäumchen abgenagt;
durch Schaden klug geworden, wurden bei der Nachpflanzung die

Wurzelballen mit einem Schermaus-resistenten Drahtgitter umgeben. Die Baumscheiben halten wir, so gut es geht, unkrautfrei. Sie werden mit Grasschnitt gemulcht – jedes Mal ein Vergnügen für die Hühner, die liebend gern in der Mulchschicht scharrend nach darunter verborgenen Leckerbissen suchten und so den Mulch gut verteilten. Außer den Apfelbäumen gedeihen in unserem Garten noch ein wild gewachsener Vogelkirschbaum und eine ursprünglich als Kübelpflanze gehaltene, später eingegrabene Säulenkirsche. Ernten können wir auch die Früchte der an mehreren Standorten angesiedelten Schlehen, Felsenbirnen, Kornelkirschen sowie die Mini-Kiwis an der Hauswand.

Nadelbäume und Sträucher
Eine unserer drei alten Fichten musste leider gefällt werden, da sie durch ihren Schiefwuchs und die einseitige Beastung sturmgefährdet war; die beiden anderen (Blaufichten) stehen prächtig und gerade da und laden Singvögel ein, sich in ihnen zu verstecken oder auf dem höchsten Wipfel ihre Strophen zu schmettern. Mein Lieblingsbaum ist die Schwarzkiefer. Eine solche erhebt sich im Nordteil unseres Gartens, schief gewachsen und gezwieselt – möglicherweise, wie Rutengänger behaupten, aufgrund einer starken Wasserader im Untergrund. Altersbedingt nadelt sie stark; ich bin jedoch dankbar für dieses „Geschenk": Ich reche die Nadeln immer wieder zusammen und verteile sie unter den Beerensträuchern, die sich über die Bodenversauerung freuen. Am Fuß der Kiefer wurde zwischenzeitlich ein bodensaures Heide-Moor-Beet mit Heidelbeeren, Preiselbeeren und Heidekräutern angelegt.

Fast das ganze Areal ist von einer (zweimal im Jahr zu schneidenden) Hecke aus Hainbuchen umgeben, Pfeifensträuchern und wenigen alten Thujas, in die Lücken drängen Haselnuss, Liguster und Johannisbeeren. Außerdem habe ich auf dem Gelände weitere

Sträucher wie Hartriegel, Schlehen, Flieder, Pfaffenhütchen, Eiben und andere angesiedelt oder wachsen lassen.

Sonderbiotope

Die große Wiese bietet außerdem genügend Platz für die Anlage weiterer Sonderbiotope. Zu ihnen zählen inzwischen: ein Sand-Kies-Beet samt Insektenhotel, ein kleiner Schuttplatz, abgemagerte Halbtrockenrasen, Lesesteinhaufen; nicht zu vergessen mehrere Plätze mit Totholz (morsche Baumstümpfe, zersägte Äste, eine sogenannte Benjeshecke), in dem sich entsprechende Käfer, Holzwespen und Pilze ansiedeln.

Anhand des Plans und der Beschreibung können Sie sich ein Bild davon machen, wie unsere Hühnerschar den Garten täglich durchstöberte – auf der Suche nach Essbarem, zur Benutzung der Sandbadeplätze, zum Dösen oder Verstecken unter den Schutz und Schatten bietenden Sträuchern. In der vom Licht-Schatten-Wechselspiel geprägten und von der Morgensonne beschienenen Nordost-Kompostecke hielten sich die Hühner gern am Vormittag auf. Dort, neben geschlossenem Kompostsilo und offenem Holzkomposter, hatten wir eine spezielle Scharrfläche eingerichtet, auf der wir das Stallstroh entsorgten sowie Körner und Küchenabfälle ausstreuten – praktisch ein kleiner Ersatz für den traditionell bäuerlichen Misthaufen. Fleißig wurde auch der Boden am Rand des Silos durchwühlt, in dem sich immer wieder Kleinlebewesen, speziell natürlich Jungregenwürmer aus dem Kompost, fanden. Aus dem Wald hatte ich außerdem weitere hühnerfreundliche Accessoires herangeschleift: ein Baumstammgerippe mit abstehenden Aststümpfen und einen sitzmöbelartigen Baumstumpf ("Thron"), die beide vom Geflügel gern erklettert wurden und seiner Neigung zu erhöhtem Sitzen entgegenkamen, sowie einen vollständig ausgehöhlten Stammrest, der sich als Unterschlupf und potenzieller Legeplatz anbot.

RASSE- ODER HYBRIDHUHN?

Die Auswahl

Parallel zum Ausbau des Hühnerhauses hatten wir uns über die
reichlich bebilderte Literatur (vor allem die bestens bebilderten und
mit ausführlichen Beschreibungen der gängigsten Rassen versehenen
Werke von Schille und Verhoef/Rijs), über das Internet, durch Gespräche mit anderen Haltern und im Rahmen von Zuchtausstellun-
gen über Rassen kundig gemacht, die von den rund 150 in Deutschland verfügbaren möglicherweise unseren Vorstellungen und Bedürfnissen, aber auch den räumlichen Gegebenheiten entgegenkommen könnten. Mit der Entscheidung für Rassehühner wollten wir

ganz bewusst der seit Langem und leider weitverbreiteten Haltung von Hybrid-Legehühnern entgegenwirken, die sich ausschließlich an wirtschaftlichen Gesichtspunkten (Lege- und Fleischleistung, Kosten-Ertrag-Denken) orientiert. Wir wollten zu denjenigen Haltern gehören, die sich täglich am „Gesamtkunstwerk" Huhn begeistern können, die Freude an Form, Farbe und Charakter der ausgewählten Rassen haben. Ein Vorteil von Rassehühnern liegt nämlich darin, dass neben äußeren Merkmalen wie Körperbau, Befiederung und Farbe auch die rassetypischen Charaktereigenschaften weitgehend festgelegt und damit vorhersehbar sind.

Gesichtspunkte für die Auswahl

Das Gartengelände ist rundum mit einem einen Meter hohen Maschendraht- bzw. Holzzaun umgeben, der sich allerdings weitgehend hinter Hecken, Sträuchern und einer Sichtschutzwand versteckt. Dennoch schien es angebracht, vorsichtshalber auf Rassen zurückzugreifen, die weder gut noch gern fliegen. Dies sind große und schwere Tiere, nahezu flugunfähige wie die Seidenhühner (wegen ihrer Federstruktur) oder schlicht flugunwillige. Unsere Nachbarin gab uns als Faustregel mit auf den Weg: Rassen mit steil aufgerichtetem Schwanz fliegen gern, andere nicht oder kaum. Zudem empfahl sie, pro Rasse mindestens zwei Tiere anzuschaffen.

Warum fliegen Hühner eigentlich nicht? Auch wenn die meisten dies aufgrund ihrer Anatomie und der Tatsache, dass sie funktionsfähige Flügel und Flugmuskeln besitzen, durchaus könnten? Haben sie die Kunst des Fliegens vergessen? Ist die Erinnerung an ihre flugfähigen Vorfahren, die sich abends zum Schlafen in die Bäume schwangen, so weit entfernt? Sind sie zu träge geworden, weil das Fliegen nicht mehr notwendig ist für sie?

Hühnerstall mit Bewohnerinnen.

Bella beim morgendlichen Schritt in die Freiheit.

Stallinneres. Links: Sitzstangen, Kotblech und Hühnerleiter; vorne: Legekisten mit Überbau; hinten: Truhe; rechts: Treppe, Fenster und Aschetonne.

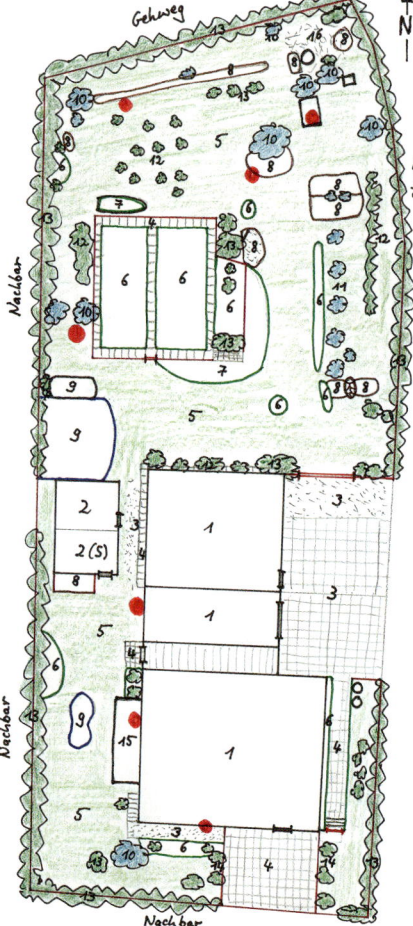

Lageplan Garten

1 Wohnhaus, Praxisanbau, Garage

2 Hütte, Hühnerstall (S)

3 Kies-Schotter-Flächen, Rasengittersteine

4 Pflasterungen, Terrasse

5 Wiese

6 Blumenbeete

7 Kräuterbeete

8 Sonderbiotope (Halbtrockenrasen, Sand-Kies-Beet, Luzernen-Wicken-Fläche, Experimentierbeet, Moor-Heide-Beet, Totholz, Benjes-Hecke, Lesesteinhaufen)

9 Gemüse, Hochbeet, Erdbeeren

10 Großbäume (Birken, Kiefer, Blaufichten, Vogelkirsche, Hauszwetschge, Transparent-Apfelbaum, Spitzahorn, Esche)

11 Spindel-Apfelbäumchen

12 Brombeeren, Himbeeren, Johannisbeeren, Stachelbeeren, Mini-Kiwi

13 Hecken- und Einzelsträucher (Hainbuche, Pfeifenstrauch, Thuja, Flieder, Forsythien, Zier-Johannisbeere, Wolliger Schneeball, Liguster, Schlehen, Hartriegel, Buddleja, Kornelkirschen, Weigelie, Haselnuss, Zierquitte, Salweide, Pfaffenhütchen u. a.)

14 Weinstöcke

15 Hühner-Unterstand bei Regen

16 Kompostecke, Stroh-Scharrfläche

Die roten Kreise markieren die Sandbadeplätze der Hühner.

Quax beim morgendlichen Flatterflug.

Hühner lieben erhöhte Sitzplätze im Gelände.

Illegal in den Blumengarten eingewanderte Hühner.

Blacky und Bella auf der Suche nach leckeren Roten Johannisbeeren.

8

Tatkräftige Unterstützung beim Unkrautjäten.

Nur in wirklich seltenen Fällen haben wir erlebt, dass eines unserer Hühner auf unseren Esstisch oder eine Sitzbank geflattert ist, so wie sie sich abends unbeholfen auf ihre Schlafplätze begaben; bei den Nachbarn sehen wir ab und zu, wie der Hahn auf den – allerdings superniedrigen – Zaun fliegt, von dort seine Schar überwacht und bekräht. Aus diesem Grund haben wir anfangs das lediglich 100 Zentimeter hohe Gartentor – die einzige Stelle, die nicht mit einer Hecke bepflanzt ist – mit einer zusätzlichen Maschendrahtkonstruktion nach oben abgesichert. Nachdem sich die Flugunlust unserer Hühner herausgestellt hatte (es gibt aber auch durchaus andere Individuen bzw. Rassen, die mit Leichtigkeit Zäune überwinden), wurde diese lästige und optisch wenig ansprechende Konstellation wieder abgebaut.

Außerdem legten wir Wert auf ruhige, pflegeleichte Tiere, die in einem nicht landwirtschaftlichen Wohngebiet problemlos zu halten sind, und auf solche, die zutraulich werden und aus der Hand gefüttert werden können. Zudem sollten sie eine Freude fürs Auge sein (hochbeinige Rassen wie die Kämpfer oder halb nackte wie das Nackthalshuhn sind mir ein Gräuel). Beachtliche Schlachtgewichte und Legeleistungen waren uns dagegen nicht wichtig, da wir ohnehin keine starken Eieresser sind (auch wenn Studien das Frühstücksei vom bisher eher negativen Cholesterin-Image „freisprechen") und schon gar nicht unsere eigenen Haustiere vertilgen.

Die von uns ins Auge gefassten Kriterien werden von einigen Rassen erfüllt, sodass die Auswahl zunächst schwerfiel. Letzten Endes entschieden wir uns für drei Rassen: Wyandotten (diese in ihrer Ausprägung als leichte, ca. 1 Kilogramm schwere Zwergform), Seidenhühner und New Hampshire.

Gleich zu Beginn ein kurzes Resümee: Mit den Wyandotten und Seidenhühnern haben wir gute Erfahrungen gemacht; sie haben sich wirklich als pflegeleicht, zutraulich und nicht fliegend herausgestellt.

Die Hampshires entpuppten sich als für unsere Verhältnisse zu groß und zu laut, auch wenn es im Prinzip gutmütige Tiere waren.

Sollten Sie andere Vorstellungen als die von mir genannten haben, mehr Wert beispielsweise auf hohe Beine, prächtige Farbschläge oder eine hohe Legeleistung legen, so kann nahezu jeder Wunsch über eine breite Palette von Rasseangeboten und Züchtern befriedigt werden.

Aussehen und Eigenschaften unserer Hühner

Wyandotten

- Aus den USA stammend, Benennung nach einem Indianerstamm,
- mittelschweres (2,5–3,0 kg), frohwüchsiges Zwiehuhn (Fleisch- und Eierleistung), in der Zwergform ca. 1 kg,
- beliebt wegen gedrungener, gerundeter Figur; üppiges Gefieder, kugeliger Schwanz,
- kleiner, sogenannter „Rosenkamm" (flach, in einem Dorn auslaufend),
- knapp 20 Farbschläge, Augenfarbe orangerot, Läufe (= Beine) gelb,
- Farbe der Eier variabel, im Allgemeinen braun,
- ruhig, freundlich, zutraulich, kaum Flugverhalten,
- besonders in der Zwergform weltweit beliebt.

Seidenhühner

- Aus Ostasien (China) stammend, weltweite Verbreitung,
- bereits von Aristoteles und Marco Polo erwähnt, auf mittelalterlichen Märkten in Europa als „Gauklerhuhn" (Kreuzung aus Kaninchen und Huhn) vorgeführt,
- gedrungenes, würfelförmiges Huhn; kräftig, vital, robust, kälteunempfindlich,
- 5 statt 4 Zehen; blauviolette Haut, Fleisch, Innereien und Knochen,
- walnussförmiger Kamm mit Querfalte,

- weiches, haarähnliches Seidengefieder, Füße befiedert; hoher äs-
  thetischer Wert, ausgesprochenes Zier- und Ausstellungshuhn,
- mit Schopf, mit oder ohne „Bart" (Kehl- und Backenbart),
- zahlreiche Farbschläge, Augenfarbe schwarzbraun,
- recht gut legend, oft in Brutstimmung, vorzügliche Brüterin und
  „Leihmutter",
- ruhig, freundlich, sehr zutraulich, kaum fliegend.

New Hampshires
- Aus den USA stammend,
- kräftiges, frohwüchsiges Zwiehuhn,
- breiter und tiefer Körper,
- großer Stehkamm,
- Farbschläge goldbraun und weiß; Augenfarbe orange bis rot,
- legt braune Eier,
- widerstandsfähig, zutraulich, recht ruhig.

WOHER NEHMEN
(UND NICHT STEHLEN)?

Kauf von Legehennen

Der Stall war fertig und bereit – es fehlten nur noch die Bewohner! Auch die Rassenfrage war, wie bereits beschrieben, mit der Auswahl von Wyandotten, Seidenhühnern und New Hampshires zu unserer Zufriedenheit geklärt. Nun galt es, sich noch Gedanken über Alter, Anzahl, Farbschläge, die nicht unwesentliche Problematik eines Hahnes und anderes zu machen. Außerdem mussten Züchter in erreichbarer Entfernung ausfindig gemacht werden, bei denen unsere „Wunschhennen" erstanden werden konnten.

Vorüberlegungen zu Anzahl und Alter

Fürs Erste wollten wir mit sechs Hühnern beginnen, obwohl Unterkunft und Gartengelände die Möglichkeit bieten, sehr viel mehr Tiere zu halten. Von den geschätzten 44 Millionen Legehennen in Deutschland könnten wir also gut und gern weitere 30 bis 40 aufnehmen, ohne dass der Auslauf übervölkert wäre. Da Hühner gesellige Tiere sind und den Kontakt zu Artgenossen brauchen, sollten mindestens zwei (empfehlenswert: von der gleichen Rasse) angeschafft werden; nach oben setzen nur Stallgröße und Auslauf Grenzen. Bezüglich des Alters der Hennen einigten wir uns auf einjährige, d. h. im Vorjahr geschlüpfte Tiere (in Geflügelzüchterkreisen offiziell als „überjährig" bezeichnet) aus sogenannten „Frühbruten" (März bis Mai). Da sie mit rund fünf Monaten zu legen beginnen und wir die Tiere im März/April erstanden, waren wir auf der sicheren Seite: Wir hatten mit Sicherheit Hühner erstanden, die bereits mit Eierlegen begonnen hatten. Empfehlenswert scheint mir zu sein, die Anschaffung ins Frühjahr zu verlegen, da das Angebot dann am größten und die Haltung problemloser ist als im Herbst/Winter.

Hahn – ja oder nein?

Mit Rücksicht auf die Nachbarschaft im „reinen" Wohngebiet und zur Vermeidung von Rechtsstreitigkeiten beschlossen wir, auf einen Hahn zu verzichten. Das frühmorgendliche Geschrei eines solchen – von den einen als „wohlklingendes Landidyll" geschätzt, von anderen aber als pure Lärmbelästigung eingestuft – ist ja immer wieder Gegenstand juristischer Auseinandersetzungen, nicht nur in Städten, sondern in zunehmendem Maße auch in ländlichen Gegenden; dabei befindet sich der Schreihals in guter Aktengesellschaft mit Kirchen-

glocken und dem Gebimmel von Kuhglocken. So musste beispielsweise ein Landwirt im südtirolischen Bozen wegen des *„nervtötenden
Krähens"* und der damit verbundenen Ruhestörung seitens seines Gockels 200 Euro *„Schadenersatz"* an seine Nachbarin berappen[13], und
eine Familie in einem Ortsteil von Villingen-Schwenningen wurde
2008 zur Zahlung von 150 Euro sowie zur Abschaffung des Hahns
verdonnert. Mit der Absage an einen Hahn ging natürlich auch der
Verzicht auf Nachwuchs und die Freude, Küken heranwachsen zu sehen, einher. Eventuell hätten wir uns von anderen Züchtern befruch-
tete Eier zum Ausbrüten geben lassen können, was einige unserer
Hennen liebend gern getan hätten; allerdings hätten sich damit auch
andere Probleme aufgetan: die Ungewissheit, ob aus den adoptierten
Eiern Männchen oder Weibchen schlüpfen, eine spezielle Kükenfüt-
terung, Kinderkrankheiten oder die engermaschige Abdichtung des
Zauns, um ein Durchschlüpfen zur Straße oder in Nachbargärten zu
unterbinden. Später sind wir gelegentlich wegen unseres Entschlusses
gescholten worden: Ein Hühnerhof sei kein Hühnerhof ohne einen
Hahn, dem artgerechten Sozialleben der Hühner entspreche die Ha-
remsstruktur, das frühe Krähen hätte man mit einer Abdunklung
und Schallisolierung des Stalls in den Griff bekommen können usw.
Auch Rhein (1985) stößt in dieses Horn mit ihrer Aussage, es sollte
sich *„niemand das Recht herausnehmen"*, seinen Hennen den Gockel
vorzuenthalten: *„Das Sozialgefüge wäre dann nicht mehr intakt, das
Wohlbefinden – nicht unbedingt sichtbar – gestört."* Dies mag An-
sichtssache sein, gespeist von welchen Vorstellungen auch immer;
unsere Hühner jedenfalls fühlten sich auch ohne männlichen Führer
wohl, zumal, wie später beschrieben, Blacky sich als vorzüglicher
Gockelersatz entpuppte. Manche Halter verzichten bewusst auf einen
Hahn, der mit seinem durch fortdauernde Hormonbildung aktivier-
ten Balz- und Paarungstrieb, dem Festbeißen im Nackengefieder des
sich duckenden Weibchens und den „Tret"-Bewegungen auf dessen

Rücken bei den Hennen für ständigen Stress sorgt und sie oft wie gerupft aussehen lässt. Dabei haben die Ärmsten ohnehin mit der eigenen Hackordnung genug Probleme!

Kauf bei Züchtern

Wir machten uns also auf die Suche nach geeigneten Züchtern, die die von uns auserwählten Rassen anboten. Durch Mund-zu-Mund-Empfehlungen und Listen bei Ausstellungen wurden wir schließlich bei fünf verschiedenen Züchtern (vier Hobby-Vereinszüchter und ein Landwirt) fündig, denen wir zwischen dem 30. März und 1. April sechs Hennen zu erstaunlich niedrigen Preisen (zwischen 5 und 10 Euro pro Henne) abkauften und nach und nach in unseren neuen Stall transportierten. Die Neuankömmlinge schienen sich dort wohlzu-fühlen, eroberten ihre Schlafplätze und spazierten tagsüber gemein-sam durch den Garten. Allerdings bekam die Idylle nach kürzester Zeit Sprünge: Das namenlose silbergraue Seidenhuhn entpuppte sich als aggressives Wesen, das – den Begriff „Hack"-Ordnung allzu wört-lich nehmend – seine blonde Rassengenossin Wuschel buchstäblich und augenscheinlich bis aufs Blut piesackte, und die zwei Hampshire-Riesinnen erzeugten nach jedem Eierlegen ein triumphierendes, un-erträglich lautes, dem Stakkato eines Maschinengewehrs ähnliches Geschrei, das wir uns und den Nachbarn auf Dauer nicht zumuten mochten. Eine Rückgabe lehnte der Landwirt mit dem Argument *„Unsere Hühner schreien nicht"* ab (am Telefon assistierte seine Frau im Hintergrund mit der Aufforderung: *„Soll er sie halt schlachten!"*), sodass wir die drei Unruhestifter bzw. Schreihälse nach wenigen Wochen verschenkten. Der Wyandotten-Bestand, der sich bis dahin als ruhig und friedlich gezeigt hatte, fand Ende Mai seine Ergänzung mit einem weiteren Tier, sodass ab Juni vier einjährige Hennen unseren Garten bevölkerten: Blacky, Quax und Bella sowie das Seidenhuhn Wuschel. Da uns Letzteres mit der Zeit als Einzelexemplar seiner Art leidtat, erbarmten wir uns und kauften im Januar des Folgejahres etwas überstürzt ein weiteres Seidenhuhn hinzu: die kleine schwarze Strupfel, die sich allerdings als schwächliches und von der Marek-schen Hühnerlähmung befallenes Wesen entpuppte (siehe S. 201).

Die Eroberung des Paradieses

Die erworbenen Hühner nahmen ihren Stall umgehend in Beschlag. Es blieb ihnen auch nichts anderes übrig, da man Neuzugänge zu-nächst einige Tage an den Stall gewöhnen soll, bevor man sie ins Freie lässt, damit sie ihn als „Standquartier" und jederzeitigen Zu-fluchts- und Rückzugsort akzeptieren. Wenn später noch einzelne Neuankömmlinge hinzukommen, ist es empfehlenswert, diese gegen Abend zu den Alteingesessenen zu setzen, da sie zu dieser Zeit infolge der geringeren Aktivität bereitwilliger akzeptiert werden und das am nächsten Tag zu erwartende Gehacke vielleicht abgemildert wird.

Es muss für die Hühner ein Erlebnis der besonderen Art gewesen sein, als sie nach ihrer kurzen Quarantänezeit erstmals den unge-wohnten Auslauf betraten. Vorsichtig, wie sie waren, hielten sie sich in den ersten Wochen nur im kleinen, südlich des Stalls gelegenen Teil des Gartens auf, mit ständiger Sicht auf ihre inzwischen vertraute Unterkunft. Unsere Versuche, sie durch den schmalen Durchgang hindurch in den unteren Gartenteil zu locken, scheiterten während dieser Zeit kläglich. Erst nach und nach gelang es uns (mit starker Un-terstützung der begehrten Mehlwürmer), die misstrauischen Hennen von den Vorteilen des vergleichsweise riesigen unteren Gartenteils zu überzeugen, den sie sich dann nach und nach auf eigenen Beinen und immer intensiver erschlossen. Ein Paradies war erobert.

Quax mit Handicap

Bei der persönlichen Vorstellung der einzelnen Hühner hatte ich
bereits erwähnt, dass wir mit unserer Quax ein Huhn mit Handicap
erworben hatten. Die Behinderung – man könnte beinahe von einer
„Mehrfachbehinderung" sprechen – drückte sich folgendermaßen
aus:

› Das Huhn zeigte ein außergewöhnlich devotes und schüchternes
  Verhalten (auch bedingt durch die unterste Position in der Hackordnung, die ihm im Sinne eines Teufelskreises wohl durch eben
  dieses Verhalten zugewiesen wurde).

> Beim normalen, langsamen Gehen zog es das rechte Bein übermäßig nach oben und schwang es manchmal in einem seitlichen Bogen nach vorn. Die Gehbewegung wirkte wie abgehackt, weniger flüssig. Diese Beeinträchtigung hinderte es aber keineswegs am schnellen Rennen, bei dem man die beschriebene Bewegungseinschränkung nicht bemerkte.

> In Ruhestellung, etwa auf der Terrasse, legte es den Kopf zurück und warf ihn mehrmals hintereinander und ohne ersichtlichen Grund in den Nacken.

> Quax lief genauso oft rückwärts wie vorwärts! Vielleicht waren wir im Besitz der einzigen rückwärtslaufenden Henne der Welt, wer weiß; ich jedenfalls habe nie etwas von einem derartigen Verhalten gesehen, gehört oder gelesen. Zwar entfernen sich z. B. auch zwei Hähne im Zuge ihrer rangelnden Auseinandersetzungen kurz rückwärtsschreitend voneinander, dies ist jedoch ein kurzes Abstandnehmen, bevor man wieder aufeinander losspringt.

Dieses Rückwärtslaufen soll kurz an einer Fütterungsszene illustriert werden: Ich streute Körnerfutter auf den Boden, die Hühner kamen und begannen rasant zu picken; Quax näherte sich den Körnern, legte sofort unentschlossen, mit zugekniffenen Augen und den Kopf schüttelnd, den Rückwärtsgang ein, näherte sich wieder, pickte vielleicht zaghaft ein Korn, worauf sie sich wieder kopfschüttelnd rückwärts entfernte, und so weiter. In der Zeit, in der die anderen die Körner nahezu vertilgt hatten, hat Quax nur einen Bruchteil abbekommen; ich habe mich oft gefragt, wie sie letzten Endes auf dieselbe Nahrungsmenge kam wie ihre Genossinnen. Seltsamerweise zeigte sie dieses Verhalten nicht nur in Anwesenheit anderer Hühner (in diesem Fall könnte man es als reine Schüchternheit interpretieren), sondern auch, wenn sie allein vor dem ausgestreuten Futter stand. Oft genug hat sie beim Rückwärtsgehen irgendwelche hinter ihr befindlichen Gegenstände, Steine, Schüsseln u. a. mit dem Hinterteil gerammt, sodass ich sie scherzhaft ermahnen musste, sich nicht eines Tages an einem spitzigen Teil rücklings aufzuspießen; wenn Fressnapf oder Wasserschüssel im Weg standen, tappte sie halb blind auch in diese hinein. Ein derartiges Verhalten war natürlich für unvorbereitete Besucher oft Anlass für fragende Blicke, Staunen und Gelächter.

Um es ehrlich zu sagen: Anna hat sich anfangs für diese Henne geschämt, lernte jedoch mit der Zeit, die Behinderung als das zu diesem Tier Gehörige zu sehen. Schließlich respektierten und liebten wir unser Quaxinchen, nachdem wir erkannt hatten, welch tiefe und wirklich liebenswerte Seiten ihr zu eigen waren.

Mit großem Interesse und Rührung habe ich Quaxens GP-Antworten auf meine Fragen „Wie kommst du mit deiner ‚Behinderung‘ zurecht?" / „Wie gehen die Mithühner damit um?" zur Kenntnis genommen. So teilte sie uns mit:

„Es geht ganz gut. Manchmal habe ich Schmerzen. Das ist dann blöd. Das sind die miesen Tage. Da geht weniger als sonst. Aber (…) dadurch, dass ich mich hier kaum behaupten muss, geht es eigentlich den Umständen entsprechend erstaunlich gut. Viele Tage kann ich auch unbekümmert sein." Die Mithühner seien *„rigoros. Da gibt es kein Verständnis oder Mitgefühl. Rücksichtnahme kennen wir nicht. Der Stärkere überlebt. Das ist vorherrschendes Prinzip. Daher bin ich auch froh, dass hier genug Lebensraum ist. So kann ich den Querelen aus dem Weg gehen, wie ich es möchte."* Es gebe Tage, an denen sie sich den *„Hänseleien und Erniedrigungen"* nicht länger stellen könne; dann gehe sie einfach weg. Es existierten aber glücklicherweise auch viele Tage, an denen Quax vor Energie sprühte und man ihr die Behinderung nicht ansah. Rührend waren die Momente, in denen sie urplötzlich kräftig mit den Flügeln schlug und auf diese Weise ihre zweifellos vorhandene Kraft, Lebensfreude und den Selbstbehauptungswillen ausdrückte.

Rangkämpfe und Freund-
schaften

Geringschätzig und ohne rechtes Verständnis betrachten wir Menschen oft die teils handfesten Rangeleien, die sich in einer Hühnerschar rund um die Hierarchiefindung abspielen. Dabei vergessen wir gern, dass Homo sapiens von einem derartigen Verhalten so weit gar nicht entfernt ist, nur dass sich dies im menschlichen Bereich oft subtiler zeigt. Baeumer (1964) schreibt dazu: *„Die Rangordnung innerhalb unserer Gesellschaft unterscheidet sich gar nicht so sehr von*

der im Hühnerhof, auch wir markieren die Grenzen unseres ‚Reviers‘,
drohen mit Krieg und brechen erobernd in fremdes Gebiet ein; auch wir
kämpfen um ‚Weibchen‘, Nahrung und die besten ‚Nistplätze‘". Hühner tragen aber ihre Machtkämpfe direkt und mit ihren ureigenen
Mitteln aus – im Gegensatz zum Menschen, der diese oft indirekt,
z. B. über Mobbing oder Kündigungen, führt.

In einer sozialen Gemeinschaft, in der sich die Mitglieder persönlich kennen, sollte die Position jedes Einzelnen festgelegt sein, damit
sie funktionieren kann. Im menschlichen Bereich kommt dies am
deutlichsten zum Ausdruck etwa in der früheren Ständegesellschaft,
im Kastenwesen, beim Militär oder in Großunternehmen: Manche,
die einer höheren Kaste angehören oder die wir Vorgesetzte nennen,
haben das Sagen; die Mitarbeiter oder rangmäßig niedriger Gestellten müssen sich eben unterordnen, damit der Betrieb störungsfrei
ablaufen kann. Auf dem Hof eines Großbauern war es in früheren
Zeiten üblich, dass beim Essen zunächst er als Ranghöchster bedient
wurde, dann die erwachsenen Familienangehörigen, die Kinder und
zuletzt Knechte und Mägde. Jeder wusste, woran er war, wann er an
der Reihe war und welche Portionen er zu erwarten hatte; es gab keine
überflüssigen Diskussionen. Ähnliches spielt sich in Gemeinschaften
sozial lebender Tiere ab, und wenn die Rangordnung und die damit
verbundenen Aufgaben nicht bereits von Geburt an festgelegt sind
(wie bei Bienen und Ameisen), müssen sie eben „ausgehandelt", notfalls ausgekämpft werden.

Hackordnung – nicht nur bei Hühnern

Der Begriff der „Hackordnung" wurde vom dänischen Zoologen
Thorleif Schjelderup-Ebbe eingeführt, der 1913 als Erster die Sozial-
ordnung und das Dominanzverhalten in einer Tiergesellschaft an

Haushühnern wissenschaftlich erforscht hat. Später übertrug man den Begriff auch auf Säugetiere, obwohl diese ihre Rangordnung naturgemäß nicht durch Hacken, sondern durch Beißen, Treten oder anderes festlegen. Dabei zählen Hühner zu den Tieren mit der schärfsten Ausprägung der Rangordnung; sie findet sich durchgehend in allen Rassen und Farbschlägen, allerdings gemildert oder verschärft durch Temperament und sonstige Eigenschaften der jeweiligen Rassen und Individuen.

Bringt man einander fremde Hühner zusammen, kommt es bei der ersten Begegnung oder Konkurrenz um Nahrung zu Auseinandersetzungen, die sich durch Aufplustern, Aneinander-Hochspringen, Flügelstöße, Schnabelhiebe und Gegacker äußern. Das unterlegene Tier wird sich bei nachfolgenden Zusammenstößen mit immer weniger Selbstvertrauen wehren; schließlich genügen eine drohende Haltung oder entsprechende Laute seitens des siegreichen Tieres, um das andere zurückweichen zu lassen. Von da an können beide Tiere friedlich oder mit einem Minimum an Reibung miteinander auskommen; das heißt, das ranghöhere Tier kann das „Minustier" bei Bedarf jederzeit und ohne zu erwartende Gegenwehr vom Futter, Sandbad oder einem schattigen Ruheplätzchen vertreiben. Bei gelegentlichem Aufbegehren reicht meist ein gezielter Schnabelhieb, eine Drohgebärde oder der entsprechende Herrschaftslaut, um den Möchtegern-Revolutionär in die Schranken zu weisen. Schjelderup-Ebbe stellte fest, wie Maclay/Knipe berichten, dass in seinem Hühnerhof dadurch eine Beziehungsstruktur vorhanden war, in der jedes Tier genau seinen Platz kannte und folglich das „Hacken-Dürfen" bzw. „Hinnehmen-Müssen" genau festgelegt war. Für die „Minustiere" besteht in einer solchen Ordnung die Gefahr, dass sie – weil ständig auf der Flucht vor Schnabelhieben – seltener zum Fressen und Trinken kommen, dadurch abmagern und weniger Eier legen.

Allerdings ist eine einmal ausgekämpfte Hackordnung nicht für alle Zeiten festgelegt. Sie kann sich jederzeit ändern, wenn

› Ranghöhere sterben oder durch Krankheit ausfallen,
› neue Tiere hinzukommen, die ihren Platz erst finden müssen,
› bisher Rangniedere aufbegehren und eine bessere Position zu erringen versuchen.

Die Rangordnung in unserer Hühnerschar

Alle drei Fälle haben wir, selbst bei unseren vergleichsweise wenigen Hühnern, beobachten können. Die ersten Kämpfe mussten naturgemäß stattfinden, als ganz am Anfang sechs einander unbekannte Tiere sich plötzlich in einer neuen Zwangsgemeinschaft vereinigt sahen. Durchgesetzt haben sich die beiden Hampshires Resi und Lilo, wohl aufgrund ihrer Körpergröße und Masse, vielleicht auch wegen ihres vergleichsweise imposanten, gockelhaften „Einzelkamms". Dieser spielt beim Dominanzverhalten eine nicht unbedeutende Rolle, wie in Experimenten nachgewiesen wurde[14]. Dahinter blieb die Rangordnung zunächst etwas diffus, wobei das ständige Hacken des grauen auf das gelbe Seidenhuhn am auffälligsten war. Erst als die bisherigen „Häuptlinge" aus den bereits erwähnten Gründen verschenkt und vorerst nur noch drei Hühner übrig waren, zeichnete sich alsbald ein klares Bild ab: Die nunmehr größte, stabil gebaute Wyandotte Blacky übernahm praktisch umgehend und künftig unangefochten die Spitzenposition; dahinter setzte sich das mit einem kräftigen Schnabel ausgestattete Seidenhuhn Wuschel gegenüber Blackys Rassengenossin Quax durch. Damit bewahrheitete sich die Züchterweisheit: „Forsch" setzt sich gegen „zaghaft" durch! Ist das bei uns Menschen – besonders den in der heutigen Ellenbogengesellschaft lebenden – so viel anders?

Mit Spannung haben wir dann erwartet, was sich beim Zukauf von Bella ereignen würde. Erstaunlicherweise begehrte der bisherige Underdog Quax als quasi Alteingesessene gegenüber der Neuen auf und unterbrach dazu selbst das „Brüten". Mit gesträubtem Gefieder und heftigem Flügelschlagen gingen die beiden aufeinander los, bis es so aussah, als hätte Bella den Kampf verloren und nunmehr die rote Laterne im Gefüge übernommen. Dies blieb aber eine lediglich vorübergehende Erscheinung, auch wenn sich Quax gelegentlich breitbrüstig zeigte; im Lauf der Wochen kehrte sich, allerdings ohne für uns sichtbare Streitereien, die Reihenfolge auf Position 3 und 4 um und stabilisierte sich im weiteren Verlauf. Nach etwa drei Monaten kam es sogar zu einer Art Freundschaft zwischen den beiden Rangniederen, aber immer genügte ein herrischer Laut Bellas, um Quax vom Futter zurückweichen zu lassen. Wuschel hielt sich mit Hieben ihres starken Schnabels gegenüber Bella und Quax auf Rang 2; an die Führerfigur Blacky traute sie sich jedoch so gut wie nie heran. Damit war für die folgenden Jahre die Rangordnung stabil festgelegt:

1. Blacky
2. Wuschel
3. Bella
4. Quax

Als dann Strupfel, das kleine und zarte Seidenhühnchen, ein kurzes Gastspiel gab, musste es sich ohne großes Federlesen und praktisch stillschweigend mit der letzten Position zufriedengeben. Dies stellt einen normalen Vorgang dar: Wenn Hennen neu in eine Schar mit eingefahrener Pickordnung kommen, landen sie für gewöhnlich ganz unten. Möglicherweise hat Mastrocola (2003) Recht mit der Vermutung ihrer Romanheldin, *„dass Hühner vielleicht zu Fremdenfeindlichkeit neigen und sich deshalb wie eine Clique verhalten"*. Bei der Ankunft Strupfels stürzte sich die sonst so sanftmütige Blacky auf sie,

Quax bei der unfreiwillig-sportlichen Übung des Rückwärtslaufens.

Die Chefin und die von ihr Umworbene.

Blacky und Bella auf ihren Aussichtsposten.

Hilfsgärtner beim Verteilen des Mulchs.

10

Malin und Linnéa mit der blumenge-
schmückten Strupfel.

Bella genießt den kühlen Schatten der
Terrassenpflanzen.

Gartenidylle mit Hühnern.

Bella und Quax auf der Karriereleiter (unter Beachtung der Rangordnung).

traktierte sie lange und immer wieder mit Schnabelhieben und Bissen, auch am folgenden Tag noch gelegentlich: Sie demonstrierte eindeutig ihre Chefposition und zeigte, wo, wie wir Süddeutschen sagen, „Barthel den Most holt"! Die Neue steckte alles äußerlich ungerührt weg und versuchte sogar ihrerseits, ihre Rassengenossin Wuschel zu hacken. Am Abend schlief sie allein am Fuß der Treppe; niemand erbarmte sich ihrer. Doch schon am nächsten Tag nahm sie an den Ausflügen teil, bewegte sich wie selbstverständlich zwischen den anderen, die sich neutral verhielten (z. B. Quax) oder sie nur noch selten mit dem Schnabel angingen (Bella). Nachmittags baute sie sich ein eigenes Nest in einer der Obstkisten unter dem Kotblech, gegenüber von und in vorsichtigem Abstand zu Wuschel. Einen Schlüsselsatz zum sozialen Zusammenleben hat meines Erachtens Adams' Henne Frieda von sich gegeben, als sie sagte: *„Wir Hühner denken zwar nur an uns, sind aber trotzdem sozial."* Dies bietet mir eine Erklärung für mein gedankliches Dilemma: Wie kann das einzelne Huhn egoistisch und futterneidisch sein (oder zumindest wirken) und trotzdem – unter Wahrung der Spielregeln – in einer sozialen Gemeinschaft mit anderen relativ friedlich zusammenleben?

Altruismus (Uneigennützigkeit) darf man von Hühnern nicht erwarten, da dies in ihrem genetischen Programm nicht verankert ist; das nackte Überleben steht im Vordergrund, und dies scheint in der Sicherheit einer Gemeinschaft und im Rahmen der Hackordnung am ehesten gewährleistet zu sein. Umso erfreulicher sind die seltenen Situationen, in denen wirklich Ansätze zu „altruistischem" Verhalten erkennbar sind, etwa wenn Bella ihrer behinderten Freundin Quax einen Wurm überließ.

Dankbar sind wir dafür, dass sich die Rangordnungskämpfe auf unserem Hühnerhof insgesamt in Grenzen hielten, da eher ruhige, phlegmatische Rassen wie Seidenhühner und Wyandotten bezüglich der „Hackfreudigkeit" weniger Probleme bereiten als aktivere und temperamentvolle. Als festgelegt war, wer wen hacken durfte, spielte sich das Zusammenleben im Allgemeinen äußerst friedvoll ab; rangniedrigere Hennen gingen den höher gestellten eher vorsorglich aus dem Weg, als sich von diesen malträtieren zu lassen. Kam es dennoch am Futterplatz zum Zusammentreffen, konnte oft folgende seltsame Szene beobachtet werden: Der Underdog Quax beispielsweise hörte dicht vor Blacky zu picken auf und hielt den gesenkten Kopf still; dasselbe tat die Chefin und beide erstarrten für einige Sekunden in dieser Haltung – Auge in Auge, Gedanken in Gedanken. Unser Kommentar lautete dann: „Jetzt hypnotisiert sie wieder!" Es hätte mich brennend interessiert, was sich in diesen Sekunden – abgesehen von den äußerlichen, nonverbalen Signalen – im Kopf der beiden abspielte. Möglicherweise erfolgte ein telepathischer Gedankenaustausch etwa der folgenden Art: *„Entschuldige, dass ich dir zu nahe gekommen bin; ich weiß, dass du das erste Anrecht auf diese Körner hast." – „Ist in Ordnung. Ich verzichte für diesmal auf Strafe in Form von Schnabelhieben. Aber du kennst deine Position, und wehe, es kommt noch mal vor!"*

Mit Spannung erwarteten wir, wie sich die über drei Jahre hinweg eingespielte Ordnung nach dem Tod der Chefin Blacky verändern würde. Normalerweise hätte ich erwartet, dass die bisherige Zweitpositionierte, Wuschel, sich nun die frei gewordene Spitzenposition unter den Nagel reißen würde – mit oder ohne Kampf. Doch weit gefehlt: Es hat sich nichts Dramatisches getan, nur traten bisherige Strukturen vielleicht deutlicher in Erscheinung. So übernahm Bella, die bisherige „heimliche Chefin", aufgrund ihrer Klugheit und Unternehmungslust eindeutig die Führung, auch wenn sie „offiziell" Wuschel, die gelegentlich starkschnäbelig ihre Plusposition demonstrierte, nachgeordnet war. Dies zeigte sich beispielsweise, wenn Wuschel die anderen zu sich locken wollte und niemand auf sie hörte, auf der anderen Seite aber alle Bella nachliefen, sobald diese sich irgendwohin auf den Weg machte.

Quax blieb, was sie immer war: die ideale Mitläuferin, die sich aus Unsicherheit jeder Führung unterwarf. Sie hat im Gespräch mit Adams meine Frage beantwortet, wie sie sich als Letzte in der Rangordnung fühle. Das sei *„schon nicht immer leicht"*, meinte sie. Normalerweise könne man sich *„hocharbeiten"*; wegen ihrer Langsamkeit und ihrem körperlichen Mangel sei sie aber *„zu den unteren Rängen verdammt"*. *„Es geht ganz praktisch ausschließlich ums Überleben. (...) Aber wir kennen das ja so, es ist keine Strafe für uns."* An sich sei sie gern mit anderen Hühnern zusammen; sie sei aber *„eher unsicher und brauche Führung"* (in meinem Tagebuch hatte ich bereits notiert: *„... hält sich immer im Hintergrund, Mitläuferin, schüchtern"*). Zugleich betonte sie, es sei wahrscheinlich *„auch gar nicht so lustig, ranghoch zu sein. Da musst du ständig auf der Hut und auf Zack sein. Ich glaube, das wäre mir auch zu anstrengend."* (GP)

Blacky, die „Hähnin"

Zu dieser Position der ranghöchsten Henne fühlte sich, da kein Hahn zur Verfügung stand, Blacky berufen. Sie übernahm im wahren Wortsinn die Führung der Schar – ein männliches Pendant hätte diese Aufgabe nicht besser erledigen können! Es war faszinierend zu beobachten, wie sie nach und nach in ihre Rolle hineinwuchs und sie ausgestaltete. Alle Verhaltensweisen und Eigenschaften eines dominanten und pflichtbewussten Hahns wurden sichtbar: Blacky hielt ihre Truppe zusammen und verhinderte kleine Rangeleien; sie lockte und führte die Schar zum Futter, manchmal auch auf die Wiese, beobachtete aufmerksam die Umgebung, um als Erste vor Katzen oder Greifvögeln am Himmel zu warnen, und blieb immer vorsichtig und misstrauisch. Auf der anderen Seite haben wir manchmal erlebt, dass sie (wie auch Quax) warnend und schimpfend einer für uns noch unsichtbaren Katze bis an den Zaun mutig entgegenging. Wenn sich die Untergebenen auf unsere Mehlwürmer stürzten und sich aus der Hand füttern ließen, hielt die Chefin oft vornehme Distanz, um sich nicht mit dem Volk gemein zu machen (so gern sie auch mitgefuttert hätte). Es fehlte eigentlich nur noch das Krähen, das sie endgültig zum Hahn gemacht hätte. Das ist nicht zu weit hergeholt, wie Verhoef/Rijs bestätigen: *„Besonders dominante Tiere* (gemeint sind Hennen) *versuchen manchmal sogar zu krähen."* Dies ist eine Folge des Überwiegens männlicher (und fast vollständigen Fehlens weiblicher) Hormone, das auch in Legepausen von Hennen vorliegen mag. Künstlich kann man bereits wenige Tage alte Küken durch das Einspritzen männlicher Hormone zum Krähen bringen.

Als „Leittier" könne ein Hahn nicht bezeichnet werden, so Rhein (1985), da er bei längeren Ausflügen, z. B. zur Futtersuche, nicht die Führung übernehme. Dies bestätigte sich auch im Gefüge unserer Hennenschar: Blacky als Chefin versuchte zwar gelegentlich ihre Untergebenen dorthin zu locken, wo sie sie haben wollte, dies gelang ihr aber nicht immer. Viel eher übernahm die „heimliche Chefin" Bella die Führung, marschierte voraus – und der Rest samt amtlicher Befehlshaberin folgte nach!

Die beachtlichste Leistung aus unserer Sicht war, dass Blacky – wie ein sich seiner Verantwortung für das Wohlergehen der anderen bewusster Hahn – ihre Hühnerschar zu einem gefundenen Wurm oder zu Körnern lockte und sie förmlich und *„mit gutturaler Beredsamkeit"* (Pablo Neruda) zum Verspeisen ihrer Entdeckung einlud. Obwohl sie die Gelegenheit und aufgrund ihrer Plusstellung das Recht gehabt hätte, das Futter als Erste zu fressen, tat sie dies nicht, sondern ließ zu, dass sich die anderen bedienten – eine enorme Leistung für ein normalerweise „verfressenes" und futterneidisches Tier! Oft konnten Freunde, denen wir diese Verhaltensweise schilderten, nicht glauben, was wir da erzählten; sie hielten dies aus ihrer bisherigen Erfahrung mit Hennen für völlig ausgeschlossen. Wenn Blacky nichts gefunden hatte, aber dennoch aus anderen Gründen den Hühnerhaufen anlocken wollte, hob sie unter kollernden und gluckenden Lauten („tschok-tschok-tschok") ein Blatt oder Stöckchen vom Boden auf und legte es wieder ab; die anderen kamen zwar eifrig angerannt (oder auch nicht) und wurden enttäuscht, sie aber hatte ihr Ziel erreicht. Beim Hahn würde man so etwas „lügen" nennen!

Ein ähnliches Verhalten zeigte übrigens gelegentlich auch Wuschel, die gern eigene Küken ausgebrütet und geführt hätte. Wenn sie einen Leckerbissen gefunden hatte, lockte sie mit einem gluckenden „Tok-tok-tok" die anderen Hennen herbei, fraß ihn dann aber vor deren erstaunten Augen doch lieber selbst. Ätsch! Mit der Zeit lernten die anderen, diese Lockversuche von Wuschel, die ja ohnehin keine anerkannte Position innehatte, zu ignorieren.

Blackys besonderer Liebling war Bella. Um diese bemühte sie sich, wie und wo sie nur konnte; sie tänzelte und walzte stolpernd um die Angebetete herum (eine Bewegungsabfolge, die Baeumer beim Hahn als *Überlegenheitsspirale* bezeichnet), spreizte dabei den dem Liebesobjekt abgewandten Flügel und scharrte mit einem Fuß („Kratzfuß") wie ein kopulierlüsterner Gockel, der es auf eine Henne abgesehen hat. Aber es ist eine alte Weisheit, dass Spitzenpositionen einsam machen: Bella ließ sie abblitzen, ihr schien das Getue eher peinlich zu sein, und bei den anderen Hennen probierte Blacky es gleich gar nicht. Ohnehin hat sich Bella eine geistige Unabhängigkeit bewahrt; sie war oft diejenige, die aus dem gemeinsamen Tun der Schar ausscherte und selbstständige Streifzüge durch den Garten unternahm, ohne sich weiter um die anderen zu kümmern. Kam sie außer Sichtweite, hielt Blacky es für geboten, nach ihr zu rufen (wie es auch alleingelassene Hühner tun); aber das kümmerte Bella nicht wirklich, und sie stieß erst wieder zur Schar, sobald sie es für richtig hielt.

Bella, die Unabhängige

Diese Selbstständigkeit, ihre Klugheit und ihr Unternehmungsgeist hoben Bella etwas aus der Menge heraus und ließen sie in manchen Situationen zur heimlichen Führerin avancieren, der sich selbst Blacky unterordnete – sei es aus Verehrung für Bella, sei es aus Unsicherheit in ihrer doch vielleicht ungewohnten Leitposition. Sich selbst stufte Bella im GP-Gespräch als *„sehr unabhängig"* ein; sie suche sich aus, *„mit wem ich zu tun haben will und mit wem nicht".* Ihre *„Chemie"* mit anderen Hühnern sei etwas schwierig; sie wolle zwar auch nicht ganz für sich sein, aber *„mit den wenigsten Hühnerdamen Nähe haben. (...) Also bleibe ich lieber allein."* Auch Adams' Henne Brunella unterscheidet sich in dieser Beziehung von ihren Schicksalsgenossinnen, wenn sie ihrer Besitzerin mitteilt: *„Anderssein ist eine Kunst. Ich übe sie täglich aus. (...) Was soll ich mit der Masse rennen, wenn es auf der anderen Seite doch viel interessanter ist?!"*

Erstaunlich stellte sich der Wandel hin zu einem sozialeren Verhalten dar, der sich bei Bella nach dem Tod von Blacky und Wuschel vollzogen hat. Sei es, dass sie sich Quax doch mehr verbunden fühlte als früher; sei es, dass sie mit fortschreitendem Alter nicht mehr so gern allein den Garten durchstreifte: Wenn sie genug hatte von einem gemeinschaftlichen Tun und sich auf den Weg in den Garten machte, blieb sie stehen und rief laut nach ihrer Freundin – und wie erstaunlich: Wenn diese dem Ruf nicht folgte und stattdessen weiterfraß, kehrte Bella um und zu Quax zurück! Dieses Verhalten wäre in den ersten Jahren undenkbar gewesen; sie hätte ihren Weg weiter beschritten, ohne sich darum zu kümmern, ob ihr die anderen Hennen folgten oder nicht. Auch wartete sie manchmal mit dem morgendlichen Körnerfressen im Freien auf Quax, wenn sich diese noch nicht vom Ruhelager erhoben hatte, piepste laut nach ihr und kehrte sogar zum Stall zurück, ohne gefressen zu haben. Wie man so sagt: Es geschehen noch Zeichen und Wunder, und anscheinend kann sich auch ein Huhn im Laufe seines Lebens ändern, seine Persönlichkeit weiterentwickeln und auch sein Verhalten sozialer gestalten.

Freundschaft oder nicht?

Eine neue und besondere Erfahrung für uns war auch, dass es persönliche Freundschaften zwischen Hühnern gibt – zumindest Beziehungen, die auf uns wie Freundschaften wirken. Zwar zeigte Blacky deutlich ihre Vorliebe für Bella, diese zog aber Quax vor. Vielleicht sind derartige Beziehungen nur unter Hühnern möglich, die in der Hackordnung nicht zu weit auseinanderliegen; wahrscheinlich stimmte aber eher die „Chemie" zur Chefin nicht. Auf alle Fälle entwickelte sich mit den Jahren eine – so schien es uns – tiefe Verbundenheit zwischen Bella und Quax. Es war nett anzusehen, wie sie zusammen den Garten durchstreiften oder nebeneinander ein Sandbad nahmen (wobei Bella ihren höheren Rang ausspielte und sich den besten Platz aussuchen durfte, indem sie Quax von jeder ihr genehmen Stelle vertrieb), wenn die eine der anderen vorsichtig einen Wurm aus dem Schnabel zog, was sich diese manchmal gefallen ließ, oder wenn die zwei Freundinnen Brust an Brust in der Sonne dösten. Sie ließen auch nach dem Tod Blackys die dritte Verbliebene, das rassefremde Seidenhuhn Wuschel, irgendwie links liegen; diese suchte zwar immer den Anschluss, wurde aber nicht wirklich akzeptiert oder vermisst, wenn sie fehlte. Eine derartige Beziehung, die ich ohne Weiteres als „Freundschaft" bezeichnen würde, gab es zwischen anderen Mitgliedern unserer Hühnerschar nicht (am Anfang vielleicht noch ansatzweise zwischen den beiden Hampshire-Schwestern). Nach dem Tod von Blacky und Wuschel blieben glücklicherweise gerade diese beiden Hühner übrig, die sich gut verstanden; wir haben uns oft Gedanken gemacht, was in anderen, eher auf Gleichgültigkeit oder gar Verfeindung basierenden Konstellationen abgelaufen wäre.

Umso überraschter war ich, als ich Bellas GP-Aussage zu diesem Thema las. Sie sagte: *„Es gibt welche, ausgewählte, mit denen ich sehr gern zusammen bin. Aber da sind momentan keine in meinem Umfeld."* Diese Einschätzung scheint deutlich der oben beschriebenen Beobachtung und unserer Vermutung zu widersprechen, Bella habe Quax gern gehabt und sei auch gern in ihrer Gesellschaft gewesen. Aber sie konnte es sicher selbst am besten beurteilen, und vielleicht müsste man formulieren: Bella akzeptierte von allen Hennen Quax noch am ehesten und hatte mit ihr die meisten Berührungspunkte. Am liebsten wäre sie manchmal allein gewesen, tolerierte aber, dass sich die eher unsichere Quax ihr anschloss und ihr fast ständig nachlief.

Zusammenfassend möchte ich versuchen, die Beziehungen unserer vier Damen in einer Art Soziogramm darzustellen:

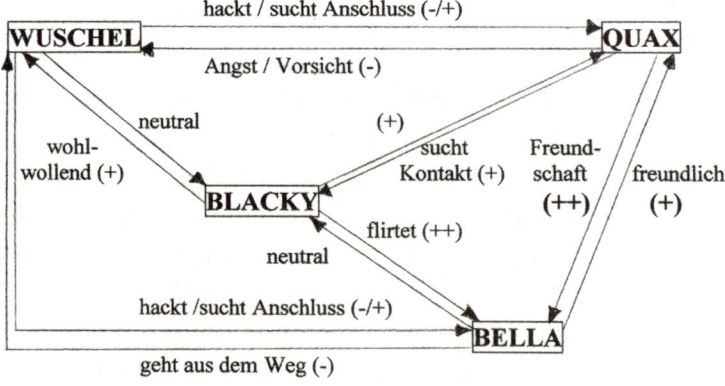

Der Tagesrhythmus

Wenn Hühner könnten, wie sie wollten, würden sie ihren angeborenen markanten Tagesrhythmus voll ausleben und dabei ihre arteige-
nen Verhaltensweisen und naturgemäßen Bedürfnisse befriedigen.
Eine „arteigene" Haltung, wie wir sie betrieben, bedeutet dabei den
Versuch, den Tieren eine Annäherung an die ursprüngliche, natürliche Lebensweise zu ermöglichen. Auf unserem weitläufigen Grundstück hatten sie außerdem die Möglichkeit, mit dem Lauf der Sonne
durch den Garten zu wandern, sie zu jeder Tageszeit zu suchen oder
ihr auszuweichen.

Der Tagesrhythmus sieht eine erste Aktivitätsphase kurz vor Sonnenaufgang (!) vor, in der sie fressen und schon die ersten Eier legen. Stern (2001) empfiehlt deshalb, die Stalltür kurz vor Sonnenaufgang zu öffnen, da dann die Bodenlebewesen im Auslauf leichter für die Hühner erreichbar seien; zwei Stunden später würden sie wieder in tiefere Bodenschichten zurückwandern. Dieses Bedürfnis nach früher Futtersuche bestätigt Adams' Henne Brunella mit ihrer Aussage: *„Wenn das Tageslicht da ist, möchte ich mit meinem Tun beginnen. Ich mag es nicht zu warten. (…) Die besten Funde macht man in der Früh.“* Sicherlich eine gute Sache bei Besitzern, die bereit sind, „mit den Hühnern aufzustehen“; ich für meinen Teil schlafe zu diesem Zeitpunkt (am Tag der Sommersonnenwende geht bei uns die Sonne kurz nach 5 Uhr auf!) normalerweise noch tief und fest, und der Nachbarschaft wollte ich gackerndes, per Zeitschaltuhr ins Freie entlassenes Geflügel um diese Zeit auch nicht unbedingt zumuten! Unsere Hühner mussten sich demnach, wenn sie denn unbedingt schon aktiv sein wollten, damit begnügen, im Stallstroh nach vergessenen Körnern zu suchen oder diese aus dem Futtertrog zu picken. Ab und zu fand sich beim morgendlichen Öffnen des Stalls auch bereits ein frisch gelegtes Ei im Nest.

Nach der ersten Nahrungsaufnahme, der Entlassung ins Freie und einem kurzen Spaziergang war gemeinsame „Putz- und Flickstunde“ angesagt: Die Hühner versammelten sich an einem ihrer Lieblingsplätze, der bereits von den morgendlichen Sonnenstrahlen erwärmt wurde; diese fanden sie entweder unter der Blautanne an der Mauer zum Nachbarn oder in der Kompostecke vor. Dort brachten sie ihr Gefieder in Ordnung, das am nächtlichen Schlafplatz anscheinend arg gelitten hatte; dabei pickten sie mit einer beeindruckenden Gelenkigkeit an befiederten wie unbefiederten Stellen am Körper, kratzten und schäppelten sich mit einem Tempo am Kopf, dass uns Hören und Sehen verging, kämmten ihre Federn mit dem Schnabel durch und fetteten sie bei dieser Gelegenheit mit dem Bürzeldrüsensekret ein – alles ermöglicht durch die äußerst flexible Halswirbelsäule. Immer wieder über den Tag verteilt brachten sie so ihr Gefieder in Ordnung. Gelegentlich absolvierten sie eine gymnastische Übung, indem sie einen Flügel und das entsprechende Bein ausstreckten – ein Verhalten, das sie mitunter auch als Übersprunghandlung, aus Verlegenheit oder Freude zeigten und das wir bereits von unseren Wellensittichen her kannten (wir nennen es „Krämpfigsein"). Nach Beendigung dieses Teils des „Komfortverhaltens", bei dem man sich durchaus auch gegenseitig sanft und hilfsbereit den Staub vom Gefieder pickte, unternahm die Rasselbande Streifzüge durch den Garten, um den Kreislauf in Schwung zu bringen und den ewig hungrigen Magen mit frischem Grün sowie tierischen Eiweißträgern zu füllen. Wenn ich mich zum Zwecke der Gartenarbeit in den unteren Teil der Anlage bewegte, folgte mir oft die Hühnerschar („Endlich ist was los!"). Ab und an sonderte sich ein Huhn ab, um auf eigene Faust Neues zu erleben; so erkletterte die neugierige und unternehmungslustige Bella wiederholt die Stangen und Pfosten, die schräg am Brennholzstapel vor dem Stall lehnen, um nachzuschauen, was sich obenauf befand. Im Laufe des Vormittags zog sich dann auch die eine oder andere Henne in den Stall (oder in den Fliederbusch) zurück, um ein lästiges Ei loszuwerden – oder sich mit dieser Gabe für ihr Luxusleben zu bedanken.

Mittägliche Siesta

Gegen Ende des Vormittags, etwa zwischen 11 und 11.30 Uhr, erschien die Schar auf unserer Terrasse und machte ihre Ankunft durch jeweils individuelle Äußerungen bekannt. Sie wussten, dass wir um diese Zeit allmählich die Terrasse zum Mittagessen aufsuchten, wenn es das Wetter erlaubte; sie wussten zugleich, dass bei dieser Gelegenheit das eine oder andere Bröckchen für sie abfiel – und seien es nur die geliebten Mehlwürmer als Dessert. Die Tiere hielten sich normalerweise während der gesamten Essenszeit in unserer Nähe auf, erkundeten die Terrasse bis in den letzten Winkel, suchten die Kübelpflanzen nach Spinnen ab, pickten kühl-feuchtes Moos oder rekelten sich in der Sonne – immer mit halbem Auge uns beobachtend.

Über Mittag, wenn die Hitze am größten wurde, suchten die Hühner dann zum Staubbaden, Dösen und erneuten Gefiederputzen gern einen kühlen, windgeschützten Ort auf, in unserem Garten beispielsweise unter Hecken, im Schatten des Pkw-Anhängers oder des als riesenhafter Sonnenschirm dienenden alten Apfelbaums. Hühner vertragen ja mit ihrer über 41 °C liegenden Körpertemperatur Hitze weitaus schlechter als Kälte. Da sie über keine Drüsen verfügen, also auch keine Schweißdrüsen haben, müssen sie durch Hecheln mit weit geöffnetem Schnabel für den notwendigen Temperaturausgleich sorgen. Manchmal legten sie sich mit ausgestreckten Flügeln auch in die pralle Sonne, vielleicht um eventuelle lästige „Mitbewohner" des Federkleids den abtötenden UV-Strahlen darzubieten, hielten es dort aber nur wenige Minuten aus.

Beschauliche Momente im Garten

Es ist ein Genuss, Hühnern beim Sand-Sonne-Bad oder beim Dösen zuzuschauen. Sie sind so vollständig bei sich, dass ihre Umgebung und die normale Dynamik des Alltags in diesem Moment abgeschaltet ist, nicht zu ihnen durchdringt, keinerlei Rolle mehr spielt. Ganz bei sich zu sein, äußerlich und innerlich ruhig zu werden, ohne Telefongeklingel, hektisches Getue und überflüssiges Gequatsche auszukommen: Das können wir von ihnen in solchen, auf Zeitlupe gedrosselten Augenblicken lernen. Ich holte mir dann gern einen Stuhl, schaute ihnen zu oder schloss die Augen und genoss die ruhige, zufrieden machende Atmosphäre, in der die Zeit langsamer zu vergehen scheint. Das australische Sprichwort: „Wenn du Esel auf der Wiese beobachtest, vergiss den Stuhl nicht", lässt sich ohne Weiteres auf Hühner übertragen – zumindest in solch beschaulichen Momenten, durch die unser Garten trotz des vorüberziehenden Autoverkehrs zu einem friedvollen Fleckchen Erde, zu einem Ort der meditativen Ruhe wurde.

Das Nachmittagsprogramm

Wenn sich Bewegungsdrang und leerer Magen wieder meldeten, ging am Nachmittag das vormittägliche Programm in die zweite Runde: Garten durchstreifen, Grünfutter aufnehmen, tierische Nahrung suchen, Abenteuer erleben. Dieses zweite Aktivitätshoch kann bis kurz vor Sonnenuntergang (in unseren Breiten im Sommer etwa um 21.40 Uhr) anhalten; allerdings suchten unsere Hennen schon mit Einbruch der Dämmerung den Stall auf, damit noch ausreichend Zeit für das Gerangel um die Schlafplätze blieb. Hatte jede die Stelle gefunden, an der sie die Nacht zubringen wollte und wo sie von den anderen nicht mehr vertrieben wurde, döste sie mit teils offenen, teils geschlossenen Augen vor sich hin (vielleicht eine abendliche Meditation mit Tagesrückblick?), bis die Müdigkeit sie übermannte und sie – bei völliger Ruhe und Sicherheit – zum Schlafen den Kopf unter einen Flügel steckte.

Das zuvor geschilderte Tagesprogramm erfuhr natürlich bei nasskaltem Wetter oder an frostigen Wintertagen Änderungen, was Aktivitäten und Lokalitäten betrifft. Dann zogen die Tiere es oft vor, die Streifzüge durch den Garten abzukürzen oder ganz zu unterlassen, stattdessen viele Stunden in Unterständen zu verbringen oder gleich ganz im Stall zu bleiben.

Als unsinnig habe ich die folgenden bäuerlichen Wetterregeln erkannt, die Unterweger (2004) zitiert:

„Wenn die Hennen Gras fressen, kommt Regen."
„Wenn die Hühner den Schwanz hängen lassen, so kommt Regen."
„Baden Hühner und Spatzen im Sand, kommt Regen ins Land."

Unsere Hühner nahmen praktisch täglich Gras zu sich, bei schönem wie bei weniger schönem Wetter, und ließen den Schwanz hängen, wenn ihnen danach war. Auch das Sandbaden (mit oder ohne Spatzen) gehörte zum täglichen Pflichtprogramm, ohne dass ein Zusammenhang mit dem Wetter der nächsten Tage festzustellen war.

DAS TÄGLICHE WELLNESSPROGRAMM
Sand- und Sonnenbaden

Die zweitliebste Beschäftigung unserer Hühner (nach der Nahrungssuche und -aufnahme) stellte das „Bad" in der Sonne oder im Sand
dar – am liebsten beides kombiniert!

Sie liebten es, in der Sonne zu liegen, die wärmenden Strahlen
in sich aufzunehmen und dabei mit geschlossenen Augen vor sich
hin zu dösen. Zu diesem Zweck legt sich das Tier leicht auf die Seite,
spreizt seinen den Sonnenstrahlen zugewandten Flügel (und auch das
obere Bein) vom Körper ab und die Schwungfedern auseinander. Dadurch kann die Strahlung, die auch wir Menschen zum Wohlfühlen

oder für gesundheitlich-therapeutische Zwecke (bei Hautproblemen oder Depression, zur Bildung von Vitamin D usw.) ausnutzen, ihre vielfältige Wirkung entfalten. Man nimmt außerdem an, dass, wie beim nachfolgend beschriebenen Sandbaden, das Huhn instinktiv unliebsame Mitbewohner wie Bakterien, Milben oder Flöhe den UV-Strahlen aussetzen und sie so vertreiben oder abtöten will. Oft wird nach einigen Minuten die Seite gewechselt.

Ein großer Garten bietet seinen menschlichen wie tierischen Bewohnern den Vorteil, dass man mit der Sonne rund ums Haus wandern und so auch noch die letzten sonnenbeschienenen Flecken aufspüren kann. Dies nutzten die Tiere sehr wohl aus: Bereits morgens nach dem Verlassen des Stalls versammelten sie sich an Plätzen, die einerseits Schutz boten und zum anderen doch von der Morgensonne bestrahlt waren, suchten aber auch den Tag über immer wieder besonnte Stellen auf, wo sie sich den wärmenden Strahlen präsentieren konnten. Wenn die Hennen sich an strengen Wintertagen ausschließlich im Stall aufhielten, öffneten wir gegen Mittag die nach Süden gelegene Tür, sodass die Sonne das Stroh im Eingangsbereich erreichen konnte. Augenblicklich verließen die Tiere ihre wind- und kältegeschützten Plätze im hinteren Stallteil und rangelten um die besten Sonnenplätze, bis schließlich jedes eine geeignete (und von den Nachbarinnen akzeptierte) Stelle gefunden hatte.

In der Sandbadewanne

Ähnlich lustvoll gestaltete sich das Sandbaden. Mit „Sand" ist dabei eine nackte Bodenstelle gemeint, deren Erde im Laufe der Zeit durch oftmaliges Scharren und Schnabelhacken eine immer feinkrümeligere Struktur erhält. Ich habe die Beobachtung gemacht, dass unsere Hühner Plätze mit normaler, lehmig toniger Gartenerde und kleinen

Auch im Winter findet man ein geschütztes warmes Plätzchen an der Hauswand (Quax beim Sonnenbad).

Die ganze Hühnerschar genießt die Sonnenstrahlen am Haus.

Gemeinschaftliches Sandbaden beim Rhododendron.

Sandbaden unter der Blaufichte.

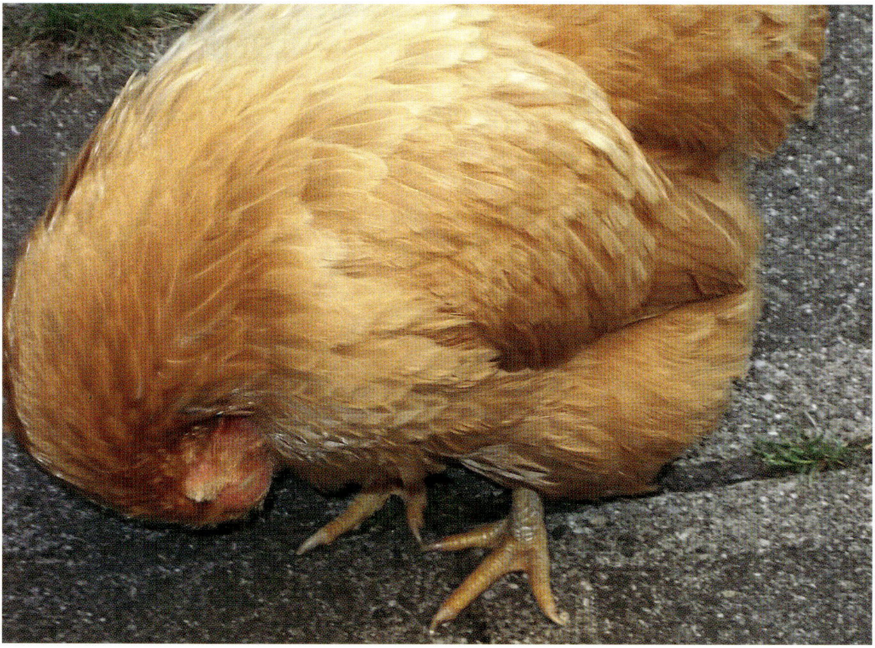

Quax bei der Gefiederpflege.

Steinchen bevorzugten, die sie beim Zurechthacken teilweise auch aufnahmen, wohingegen sie über einen gut gemeinten, aber sterilen Spielplatzsand aus dem Baumarkt den Schnabel rümpften. Quax und Wuschel entdeckten eines Tages, dass, wenn man die Nadelstreu unter der Fichte wegscharrt, es sich auch auf dem trockenen Boden darunter gut baden lässt. „... *Sie, die einst in schönen Tagen / Bald im Hofe, bald im Garten /Lebensfroh im Sande scharrten*", heißt es bei Wilhelm Busch[15], bevor der Tod die Tiere mittels durch Fäden verbundene Brotstücke ereilt. Jeder hat sicher schon einmal ein Huhn beim „lebensfrohen" Sandbaden beobachten können. Es begutachtet die Stelle, die ihm geeignet erscheint, und beginnt zunächst mit dem Schnabel die Erde etwas aufzulockern – ein Verhalten, das ich scherzhaft als „Probebohrung" bezeichne. Dann lässt es sich nieder, holt den umgebenden Sand mit dem Schnabel heran, und nach und nach entsteht durch weiteres Picken und Scharren mit den Füßen eine sich ständig vertiefende und erweiternde, schöne runde „Badewanne". Die Henne wälzt sich, sorgt mithilfe des biegsamen Halses dafür, dass auch alle Seiten des Kopfes in den Sand gedrückt werden, und schleudert diesen über Kopf und Rücken sowie zwischen das aufgeplusterte Gefieder. Wissenschaftler sind sich natürlich einig, dass diese Verhaltensweise der Reinigung von Ungeziefer dient – deshalb auch die an menschlichen Maßstäben orientierte Bezeichnung „Baden". Sie übersehen aber das emotionale Moment bei diesem Vorgang: wie genüsslich die Henne die Augen schließt, welch wohlige Knurrlaute sie dabei von sich gibt, wie sie oft stundenlang in der warmen Badewanne verharren kann. Nach beendigter Prozedur erhebt sich das Huhn (unsere Wuschel oft mühsam und wie mit eingeschlafenen Beinen), schüttelt Sand, Ungeziefer und Fettrückstände aus den Federn, wie ein nasser Hund das Wasser, und geht einer anderen Beschäftigung nach. Der Rest des Sandes findet sich dann morgens, aus dem Gefieder gerieselt, am Schlafplatz.

Mit der Zeit schafften es die Hühner in abwechselnder Arbeit und bei geeignetem Untergrund, die angefangenen Kuhlen zu Löchern mit einer Tiefe auszuweiten, die der Höhe der Tiere entsprach. Darin konnte dann unsere Quax wie ein Hase stundenlang geduckt liegen, ab und zu wieder scharrend, suhlend und rekelnd, ansonsten dösend und genießend. Ich habe sie oder Wuschel (unsere beiden Sandbadespezialistinnen) oft abends, wenn die anderen Hühner sich bereits in den Stall begeben hatten, in einem solchen Loch aufgefunden, in dem sie sicher noch länger hätten liegen wollen – wie echte „Schmutzfinken" über und über mit Erde, Sand und Steinchen bedeckt!

Potenzielle Hühnerhalter mögen vielleicht um ihre schöne Wiese (oder noch schlimmer: ihren englischen Rasen) bangen, die sie vor dem geistigen Auge bereits flächendeckend durchlöchert sehen. Nach meiner Erfahrung und Begutachtung anderer Hühnerhöfe ist dies bei einer weitläufigen Grünfläche aber nicht der Fall: Die Hühner beschränken sich auf wenige Stellen, die sie mit der Zeit vegetationsfrei gestalten und wo sie ihre Gruben ausheben; außerdem legen sie als gesellige Tiere lieber mehrere Badeplätze nebeneinander an und lassen die restliche Fläche unangetastet. Auf unserem Gartenareal von knapp 600 Quadratmetern gab es deshalb auch lediglich sieben Orte, an denen frei gescharrte und intensiv genutzte Badestellen mit einer jeweiligen Fläche von maximal einem Quadratmeter existierten: drei unter Fichten und Schwarzkiefer, eine vor Regen geschützt unter dem Pkw-Anhänger, eine Winterbadestelle unter den Tischtennisplatten und zwei auf Kies/Erde an wärmenden Hauswänden. Erstaunlicher- und glücklicherweise sind die Hühner nie auf den Gedanken gekommen, z. B. im Frühjahr die noch unbepflanzten Gemüsebeete zu Badestellen umzufunktionieren. Auch in der kalten Jahreszeit, in der sie nicht von Mitessern geplagt wurden, nutzten sie oft die Gelegenheit, schneefreie Plätze aufzusuchen und sich dort trotz kaltem Boden der Wärme von Sonnenstrahlen hinzugeben.

DER MENSCH DENKT ...
Schlafplätze und Schlafzeiten

Der Mensch denkt – aber das Huhn sitzt und schläft, wo es will!

Was haben wir uns bei der Vorbereitung Gedanken gemacht: über den Hühnerstall, seine Lage und Ausstattung, die Sitzstangen, Legenester, Kotbleche usw.! Wir haben Bücher gewälzt, Ställe anderer Hühnerhalter begutachtet, Alternativen abgewogen, Entscheidungen getroffen; wir haben Kanthölzer entsprechender Dicke besorgt und sie rundherum zu Sitzstangen abgeschliffen – aber letztlich kam vieles ganz anders als gedacht und gewollt, denn Hennen haben ihren eigenen Kopf und recht individuelle Vorlieben.

Wechselnde Schlafplätze

Hühner haben ja – so die gängige Meinung – angeblich nachts auf Sitzstangen zu schlafen, die vom Durchmesser her ihren Füßen angepasst sein müssen. Unsere Hühner, besonders die großen, taten das anfangs auch brav: Die vordere, stabile Stange konnte selbst das Gewicht der beiden New Hampshires tragen, zwischen die oder an deren Seite sich gern aus unerfindlichen Gründen noch unsere gleichfarbig gelbe Wyandotte Quax zwängte.

Dann aber begann die jeweils individuelle Suche nach (besseren?) nächtlichen Schlafplätzen. Alles Mögliche wurde ausprobiert: das Stroh, die Legekisten, die Truhe, die Treppe; ja manche schielten auch noch nach den höher gelegenen Längsbalken an der Hüttentrennwand. Es geht das Gerücht: Je höher die Position in der Hackordnung, umso höher der Schlafplatz. Unsere Bella – damals beileibe nicht die Erste in der Ordnung, aber die wahrscheinlich Klügste und geistig Unabhängigste – entdeckte jedoch, dass man vom Boden auf den Sperrholzüberbau, dann auf die Truhe und von dort mit mehreren Zwischenstationen auf der Holztreppe ganz nach oben flattern kann, und eroberte sich so eine einsame Spitzenposition – zumindest was den Schlafplatz betrifft. Morgens glitt sie dann flügelschlagend entweder direkt von der Treppe ins Freie – und hielt sich dabei gut fünf Meter in der Luft – oder sie nahm den weniger mühsamen Abstieg über die Truhe auf den Stallboden. Blacky und Quax haben diese Unternehmung gelegentlich auch gewagt, aber mit der Zeit meist wieder aufgegeben. Mit der Zeit hatte sich eingependelt, dass Bella meist auf der Stiege schlief (mal in der Mitte, mal ganz oben, aber nie unten), außer wenn sie ihrer Freundin Quax auf der Truhe Gesellschaft leistete. Denn Quax machte es sich in den meisten Nächten auf der Truhe gemütlich (mit wenigen Ausnahmen, wo sie auf ihre frühere Sitzstange zurückkehrte).

Wuschel verbrachte die Nächte oft in einer Holzkiste am Boden oder im Stroh, wie es Seidenhühner normalerweise tun. Manchmal suchte sie aber die Nähe der anderen, stand dann klagend und sehnsüchtige Blicke werfend unter der Treppe oder vor der Truhe. Trotz ihres geringen Flugvermögens schaffte sie es, entweder über den Umweg Hühnerleiter/Sitzstangen oder direkt vom Boden aufflatternd auf die Truhe zu den anderen zu gelangen, wo sie – wen wundert's – sofort mit ihrem starken Schnabel die rangordnungsmäßig Niedrigeren von deren Schlafplätzen vertrieb. Selbst die kleine, aber genauso hartschnäbelige Strupfel, die mal im Stroh, mal auf der Sitzstange ruhte, erklomm gelegentlich die Truhe; dort suchte sie den Kontakt zur gutmütigen Quax, die sie dann aber – unsensibel, wie Seidenhühner sind – bis hart an die Absturzkante drängte und sich in der Mitte breitmachte. Um eine Verkotung zu verhindern, hatten wir die Truhendeckel mit einer von Reißnägeln gehaltenen Lage Zeitungspapier abgedeckt, die regelmäßig erneuert wurde.

Es war also für uns erstaunlich, dass Hühner offenbar nicht auf Sitzstangen festgelegt sind, sondern genauso gern auf flachen Unterlagen ruhen. Der Nachteil besteht darin, dass sich der während der Nacht abgesetzte Kot manchmal am Hinterteil zusammenballt und in den Federn festsetzt, insbesondere wenn er nicht fest, sondern eher klebrig ist. Das Huhn (vorzugsweise Bella) trug dann tagelang einen – eventuell immer größer werdenden – Köttelballen mit sich herum, bis er austrocknete und sich beim Staubbaden löste.

Ein weiterer Nachteil des Schlafplatzes Truhe: Da diese wegen der vorstehenden Balken und des zu öffnenden Deckels nicht ganz an die Hüttenwand geschoben werden kann, verbleibt auf der ganzen Länge ein Hohlraum von 20 Zentimetern Breite und 80 Zentimetern Höhe, entsprechend der Höhe der Truhe. Es ist nun gar nicht selten vorgekommen, dass ein Huhn während des Schlafens von der Truhe in diesen Spalt rutschte, morgens mehr oder weniger klagend dort saß (die Balken verhindern einen seitlichen Ausgang) und von mir mühsam hervorgefischt werden musste – manchmal still und bedeppert, nicht selten aber auch unter Protest und mit anschließendem, gackernd vorgetragenem „Bericht" über das Missgeschick. Ich wusste natürlich nie, ob sich dieses schon früh in der Nacht oder erst gegen Morgen ereignet hatte und wie lange folglich die Henne in der unbequemen Position hatte ausharren müssen; ich bedauerte sie jedenfalls immer unendlich!

Meditieren im Stall

Sicherlich haben Sie schon einmal ein Huhn (oder einen anderen Vogel) beobachten können, das sich zur Ruhe begibt: Es lässt sich auf der Sitzstange nieder, um die sich die Krallen reflexartig schließen; dann kauert es sich zusammen, sodass auch die Beine vom Federkleid geschützt werden. Zwischen den aufgeplusterten Federn bildet sich eine isolierende und wärmende Luftschicht, die das Tier auch eine frostkalte Nacht überstehen lässt. Die Henne beginnt, ihre Lebensfunktionen auf ein Minimum zu reduzieren; sie schließt die Augen, atmet langsamer und steckt schließlich den Kopf ins Gefieder.

Eine wunderschöne und beruhigende Erfahrung war es, nach Einbruch der Dunkelheit oder gar in der Nacht sich im Hühnerstall aufzuhalten. Man konnte eiförmige, aufgeplusterte Körper erkennen, deren normalerweise sich in die Vertikale erstreckende Masse nun horizontal zerfloss; Augen, die auf und zu geknöpft wurden (wobei sich, anders als bei uns Menschen, nur das Unterlid über das Auge schiebt) und in denen die Müdigkeit mit der Neugier kämpfte; Köpfe, die beim Schlafen zwischen den Federn verschwanden. Sowohl Anna als auch ich saßen gern auf einem Klapphocker vor den dösenden Hennen und genossen die ruhige, friedliche Atmosphäre, die zum Meditieren einlud.

Träumen Hühner eigentlich? Da wir nie mitten in der Nacht im Stall anwesend waren, vermochten wir dies nicht zu beurteilen. Bei unseren Hunden und Katzen, die wir ja auch tagsüber beim Schlafen beobachten konnten, hatten wir eindeutige Anzeichen des Träumens wahrgenommen: rollende Augen, zuckende Beine, jaulende Töne usw. Warum gerade Hühner nicht träumen sollten, leuchtet mir nicht ein; auch sie erleben während des Tages gute und vielleicht schreckliche Dinge, auch sie verfügen über ein Bewusstsein (und damit wohl auch über ein Unterbewusstsein, das sich während des Schlafes zu Wort meldet). Ob die oben geschilderte Tatsache, dass unsere Hennen gelegentlich nachts hinter die Truhe rutschten, mit unruhigem Schlaf oder mit Träumen in Verbindung zu setzen ist, kann ich nicht sagen, möchte es aber auch nicht ausschließen.

Schlafzeiten

Anna berichtet aus ihrer Kindheit auf dem Bauernhof, dass manche frei laufenden Hühner sich, wie ihre wilden Vorfahren, abends ihren Schlafplatz auf Ästen von Obstbäumen gesucht („aufgebaumt") haben und von dort – nach dem Motto: *„Mancher gibt sich viele Müh' / mit dem lieben Federvieh"* – mit langen Stangen heruntergebugsiert werden mussten. Auch Betty MacDonald schildert in ihrem mit Claudette Colbert verfilmten, humorvollen Erstling „Das Ei und ich" derartige Vorkommnisse auf ihrer Hühnerfarm: *„Abend für Abend machte ich mit Bob einen Rundgang durch den Obstgarten, scheuchte das Federvieh von den Zweigen auf, packte so viele Hühnchen, wie ich fassen konnte, bei den Beinen, verfrachtete die sich Sträubenden in die Ställe und wies ihnen dort den ihnen zukommenden Schlafplatz auf den Sitzstangen an."* Äußerst dankbar waren wir deshalb dafür, dass unsere Hühner – nach den üblichen anfänglichen Orientierungsschwierigkeiten – von sich aus zur Schlafenszeit den Stall aufsuchten. Dies kündigte sich an, indem beispielsweise Quax ihre Stimme erhob und ihren Kolleginnen den Vorschlag des Schlafengehens unterbreitete; konnte sie die restliche Truppe überzeugen, bewegte sich diese allmählich in Richtung Stallvorplatz, wo sie sich noch ein Weilchen grasend, meditierend oder gakelnd auf das Zu-Bett-Gehen vorbereitete. Nur manchmal mussten wir sanft nachhelfen, vor allem beim Seidenhuhn Wuschel, das im Sommer sehr gerne länger als die anderen den Aufenthalt im Freien genoss, dann an seinen Lieblingsplätzen zu suchen war und sich anschließend mithilfe eines langen Stockes widerstrebend in Richtung Stall bugsieren ließ (oder kurzerhand getragen wurde). Neu hinzugekommene Hühner wie Bella oder die kleine Strupfel schlossen sich problemlos den anderen an, verließen morgens mit ihnen zusammen den Stall und suchten ihn abends wieder gemeinsam auf.

Im Jahreslauf konnte die zu- und abnehmende Länge des Tageslichts gut am Schlafbedürfnis der Hühner verfolgt werden. Im Dezember wurden sie erst ab 9 Uhr so richtig munter und suchten den Stall mit Einbruch der Dämmerung spätestens gegen 16 Uhr auf. Wenn die Nächte kürzer und die Tage länger wurden, erweiterte sich peu à peu und beobachtbar diese Zeitspanne, und im Sommer drängten die Hennen bereits ab 8 Uhr (Sommerzeit) ins Freie, wo sie manchmal bis nach 20 Uhr verblieben. Das Ostfenster ließ sich von außen mit einem Vorhang abdunkeln, sodass die Aufwachzeit (etwa am Sonntag, mit Rücksicht auf die noch schlafende Nachbarschaft) hinausgezögert werden konnte; Hühner verharren nämlich in dunkler Umgebung in einem Schlaf- oder Ruhemodus. In der Regel verhalten sie sich auf diese Weise ruhig, auch wenn draußen bereits die Sonne scheint.

Wir standen also keineswegs „mit den Hühnern" auf – worunter im allgemeinen Sprachgebrauch eine extrem frühe Tageszeit verstanden wird –, sondern passten deren Frühversorgung unseren Schlaf- und Aufwachgewohnheiten an. Da wir ihnen so viel Aufenthalt im Freien (und Morgensonne) wie möglich gönnen wollten, brachten wir es aber nicht übers Herz, sie länger als nötig in ihrer Unterkunft zu belassen. Bei anderen Hühnerhaltern registriere ich gelegentlich, dass der Stall am späten Vormittag immer noch verschlossen ist und aus dem Inneren ein erhebliches Gegacker und Geschrei zu hören ist, da längst die Sonne durchs Fenster scheint; dann tun mir die armen Tiere leid, denen die notwendige Bewegung und Anregung im Frei- lauf um mehrere Stunden beschnitten worden ist.

FRESSMASCHINEN ODER FEINSCHMECKER?

Fütterung der Hühner

Hühner sind nicht nur *„die pickenden Kreaturen, die sich kopfüber auf zugeworfenes Futter stürzen"*, schreibt Tatjana Adams (2012) im Klappentext ihres Buches, sie sind *„wache Wesen, die die Menschen gerne und sehr genau beobachten"*. Damit hat sie natürlich recht, aber unbestritten haben Hühner, ebenso wie Katzen oder Hunde, in erster Linie und über weite Teile des Tages die Nahrungssuche und -aufnahme im vom Magen und Stoffwechsel gesteuerten Sinn. So bezeichnet ein befreundeter Hundetrainer, der seinen Schützlingen ansonsten äußerst wohlgesinnt ist und sich im Rahmen vieler Fortbildungen intensiv mit deren Psyche befasst hat, sie nichtsdestotrotz als „*Fressmaschinen*". So weit würde ich in der Benennung unserer Hühner nicht gehen, aber in der Sache hat dies zweifellos seine Richtigkeit. Allerdings muss man ihnen zugutehalten, dass sie nur so viel zu sich nehmen, wie sie im Moment brauchen, und nicht (bei einer vorübergehenden Abwesenheit der menschlichen Betreuer) das für fünf Tage bereitgestellte Futter bereits nach zwei Tagen verbraucht haben.

Zu ihren vielen Mahlzeiten werden Hühner, wie alle Vögel, von ihrem schnellen Stoffwechsel und vergleichsweise kurzen Darm gedrängt. Das heißt, um die bis zu 50 Köttel (siehe S. 120) über den Tag verteilt absondern zu können, muss jeweils zuvor die entsprechende Menge an Futter dem Magen zugeführt und verdaut worden sein. Und das bedeutet wiederum, dass sich die Gefiederten beinahe permanent auf die Suche nach Futter machen (müssen).

Streifzüge im Garten

Hühner, die nach Lust und Laune den ganzen Tag lang den Garten durchstreifen können, suchen sich wie die wilden Vorfahren und Verwandten ihr Futter weitgehend selbst. Dabei sind sie im Allgemeinen wählerische Esser und lassen alles liegen, was ihnen nicht schmeckt; von Quax allerdings hatten wir den Eindruck, dass sie das „Schwein" in der Hühnerschar darstellte und jede Art von Futter verwertete, das von anderen abgelehnt wurde.

Die Streifzüge begannen mit den ersten warmen Vorfrühlingstagen, wenn die Schneedecke endlich das Gras freigab und sich erste Würmer und Insekten wieder an die auftauende Bodenoberfläche wagten, und hielten an bis in den November oder Dezember hinein, wenn erste Fröste die Kräuter endgültig zum Absterben brachten und

Schnee das Land bedeckte. So sind es in unserem Klima nur etwa drei Monate (mit schneefreien Unterbrechungen), in denen die gefiederten Freundinnen vollständig auf unsere Fütterung angewiesen sind.

Immer wieder faszinierend ist es zu beobachten, mit welch konzentriertem Eifer und mit welcher Intensität diese Tiere sich durch eine Wiese oder auf frisch umgegrabenen Arealen bewegen. Ihren scharfen Augen entgeht nicht die kleinste Bewegung, nicht das winzigste Samenkorn; wo unsere Menschenaugen lange hinschauen, die Lesebrille oder ein Vergrößerungsglas zu Hilfe nehmen müssten, finden die Hühner mit Leichtigkeit Insekten, Würmer, Körner oder Samen. Auf vegetationsfreien Stellen, in der Nadelstreu oder auch in der Grasnarbe wird mit den kräftigen Füßen gekratzt und gescharrt – mit dem linken Fuß zweimal, dann mit dem rechten Fuß zweimal –, bis nach dem Motto „Scharren, anpeilen, picken" auch noch das kleinste Würmchen gefunden ist. Seidenhuhn Wuschel hielt sich dabei wegen seiner befiederten Füße etwas zurück und klaute lieber den anderen die freigelegten Schätze.

Mit Vorliebe und wachen Blicken stand die ganze Schar um mich herum, wenn ich entweder einen Teil der Wiese umgrub, um neue Beete anzulegen, oder wenn verunkrautete Flächen gejätet werden mussten. In beiden Fällen kamen Würmer, Bodeninsekten und Samen zum Vorschein, auf die man sich sogleich stürzte – natürlich unter Beachtung der jeweiligen Positionen in der Hackordnung. Dabei vergaß selbst die scheue Blacky ihre Vorsicht und agierte so nahe an meiner Hand, dass ich sie beinahe hätte berühren können; auch beim Handhaben von Spaten und Schäufelchen musste ich oft Vorsicht walten lassen, um kein Huhn zu stoßen oder zu verletzen, so dicht bei mir hielten sie sich auf.

Unser Garten bot die Möglichkeit, dass die Tiere dem Sonnenstand folgen, je nach Lust besonnte oder feucht-kühle Stellen aufsuchen und so frische Tier- und Pflanzennahrung finden konnten.

Der Speisezettel

Die Nahrung dieser Allesfresser setzt sich aus Kleinsttieren und Pflanzenteilen zusammen, wobei ich den Eindruck hatte, dass beides gleich gern und gleich oft verspeist wird.

Tierischer Speisezettel

Der tierische Speisezettel unserer Hühner bestand aus Regen- und anderen Würmern, kleinen Schnecken (Bella habe ich sogar beim drosselähnlichen Zertrümmern von Schneckengehäusen mit anschließendem Verspeisen des Inhalts beobachten können), Engerlingen, Käfern, Heuschrecken, geflügelten Ameisen (um normale, nicht fliegende machten sie einen Bogen), Hundert- und Tausendfüßern, Spinnen und anderem. Asseln, die zu Hunderten in allen Ecken zu finden sind, wurden zu unserem Leidwesen nur gelegentlich und dann im jugendlichen Zustand verspeist; nach entsprechenden Erfahrungen wurden auch schlecht schmeckende Wanzen und stechende Insekten wie Bienen oder Hummeln gemieden. Manchmal kann man beobachten, wie Hühner plötzlich mit gerecktem Hals, im gestreckten Galopp und Zickzack über die Wiese rennen; dann sind sie hinter einer Fliege oder Mücke her, die sie zu erhaschen trachten. Nie habe ich erlebt, dass sie – im Gegensatz etwa zu Enten – einen fliegenden oder sitzenden Schmetterling fingen, obwohl er sich größenmäßig als potenzielles Futtertier anbot und Überreste toter Schmetterlinge auch verschlungen wurden.

Pflanzlicher Speisezettel

Das pflanzliche Angebot im Freiland eines naturfreundlichen Gartens ist „natürlich" riesengroß. Zu den regelmäßig aufgenommenen Lieblingsspeisen unserer Hühnerschar zählten dabei an erster Stelle die Blätter des Löwenzahns, die täglich und in großer Zahl verspeist wurden, ferner Klee und Gräser samt ihrer herbstlichen Samenstände. Dabei pickten die Feinschmecker lediglich die frischen Spitzen und ließen ältere oder bittere Milch führende Teile stehen; junge Grasspitzen fanden sie aber nur, wenn mehr oder weniger regelmäßig Teile der Wiese gemäht wurden.

Ansonsten wurde manches probiert und für mehr oder weniger gut befunden: Luzerne, Wegerich, Sauerampfer, Gänseblümchen, Scharbockskraut, Brennnessel, Giersch, Knoblauchrauke, Vogelmiere und viele andere Kräuter, die den Sommer über zur Verfügung stehen. Je mehr Pflanzen vorhanden waren, die bis zur Reife gelangten, umso mehr Samen der verschiedensten Arten fanden die Tiere den ganzen Herbst hindurch zwischen Halmen und Stängeln. Hier musste also ein Kompromiss gefunden werden zwischen dem Abmähen bestimmter Flächen und dem Stehenlassen anderer Areale. Flächen, auf denen Blumen oder Gemüse ausgesät worden waren, mussten durch entsprechende Maßnahmen (Zäune, Netze, Abdeckungen) gegen Scharren und Picken geschützt werden. Bereits im Sommer erntete ich Blätter von Löwenzahn, Klee, Brennnessel und Luzerne, die auf dem Dachboden als gern angenommener Wintervorrat getrocknet wurden.

Eines Tages hatte Blacky entdeckt, dass man den Moosbelag auf den Terrassenplatten und dem umgebenden Mauersockel wegpicken kann. In den folgenden Wochen naschte dann die ganze Schar immer wieder vom kühl-feuchten Moos, das mit seinen fungiziden Eigenschaften (so kann etwa Lebermoosextrakt bei Pilzkrankheiten anderer Pflanzen eingesetzt werden) vielleicht auch für Tiere einen zusätzlichen gesundheitsfördernden Effekt besitzt. Auch die im Beerensträucherbereich der Wiese sich ausbreitenden Moose nahmen die lebenden Vertikutierer zur Abwechslung gern zu sich. Ein Leckerbissen scheinen die zarten Blütenblätter der Apfelbäume zu sein, die teils direkt vom Bäumchen gepflückt, in ihrer Mehrzahl aber nach dem Zu-Boden-Rieseln verschlungen wurden.

Gelegentlich beobachteten wir, dass ein Huhn statt eines Stückchens versehentlich gleich einen ganzen Grashalm abriss und zu verschlucken begann. Dabei konnte es aber oft nur einen Teil hinunterwürgen, der Rest hing ihm buchstäblich „zum Hals heraus" (genauer: zum Schnabel). Wenn auch der Versuch misslang, diesen störrischen Teil mithilfe einer Zehe aus dem Schnabelwinkel zu entfernen, waren manchmal andere Hennen zur Hilfe bereit: Sie zogen den Halm aus dem Schnabel der Betroffenen und verspeisten ihn selbst (Futterneid!) oder ließen ihn fallen (Hilfsbereitschaft?).

Peitz/Bauer (2012) heben insbesondere den Topinambur hervor, der leicht anzubauen ist und sich rasch ausbreitet. Er kann von der Knolle bis zu den Stängeln verfüttert werden und soll zu jeder Jahreszeit ein hochwertig vitaminreiches Futter darstellen, über das unsere Hühner jedoch die Nase rümpften. Sie schlangen lieber in Buttermilch eingeweichte Haferflocken oder alte Brötchen hinunter.

Zusatzfutter
Als Ergänzung dieser Hauptnahrung bekamen unsere Hühner den Sommer über, insbesondere aber im Winter, Weichfutter in verschiedener Zusammensetzung, das sie als Abwechslung gern akzeptierten.

Meine Weich- und Zusatzfutterliste

(ca. 60 Gramm pro Huhn und Tag)
Allgemeines
- im Garten anbauen/in der Natur ernten (Vorsicht: Pestizide/ Abgase) / im Handel kaufen
- Gabe am besten vormittags
- nur frisch, nicht stehen lassen (wegen Säuerung), Reste entfernen

Küchenabfälle
- kein Salz/Pfeffer, nichts Schimmeliges

- Kartoffeln: gedämpft/zerdrückt (giftige Keime/grüne Teile entfernen), nicht zu viel (Kartoffeln/Mais machen fett)
- Reis: roh oder gekocht
- Topinambur: gedämpft/zerdrückt
- Brokkoli, Karotten (gerieben/gekocht)
- Salate aller Art; Zwiebel-/Schnittlauch-/Bärlauchlaub
- Obst (Apfel, Birne, Banane)
- Leinsamen, Kümmelsamen, Sonnenblumenkerne
- Altbrot (vom Bäcker kostenlos): zerhackt/zerbröselt; Getreideschrot, Haferflocken
- dicksaure Milch, Mager-/Buttermilch (gut für die Darmflora), Molke
- Käse (klein gewürfelt)
- Fleisch (ohne Knochen), Fisch

Im Auslauf

- geschnittenes Gras, Grassamen
- Brennnessel, Löwenzahn, Klee, Wegerich, Vogelmiere, Hirtentäschel, Luzerne (gehaltvoll, evtl. klein gehackt)
- Samen, Beeren aller Art (auch Holunder), Insekten, Würmer, Schnecken
- Regenwürmer (nicht Mai/Juni): evtl. Zuchtgrube anlegen
- für Winter trocknen: Brennnessel, Klee, Luzerne u. a.

Sonstiges

- Mehlwürmer (Zoohandlung, evtl. Eigenzucht), Fliegenmaden als Beifutter (Achtung, kalorienreich!)
- Weichfutter für Singvögel

Mischungen

- möglichst zerkleinern, evtl. mit Legemehl zu Futter verarbeiten
- feucht-krümelig anrühren (nicht zu nass): Kartoffelkochwasser (ohne Salz), Blanchierwasser, Fleischabfälle, Obstreste, alle Reste von Teller/Kochtopf (frei von Essig/Salz)

Käse-Zwischenmahlzeit vor der Hütte.

Unverhofftes Eiweißgeschenk: Die geflügelten Ameisen schwärmen!

Suche nach Kleinlebewesen im frisch umgegrabenen Beet.

Zart-wohlschmeckende Löwenzahn-Mahlzeit.

Mehlwurm-Fütterung aus der Hand …

… oder lieber gleich aus dem Glasbehälter.

Jede Trinkgelegenheit wird genutzt (mit Vorliebe auch die Blumentopfuntersetzer mit Wasser und Mineralien).

Quax beim genussvollen Trinken.

Winter

- am Morgen mehr Weichfutter
- gegen Langeweile/für Bewegung im Stall: Raufe, Säcke/Netze mit im Sprung erreichbarem Grünfutter aufhängen, Blattgemüse/Salat auf Einstreu verteilen

---

Lieblingsspeise Mehlwürmer

Ihre absolute Lieblingsspeise waren Mehlwürmer, die wir in der Zoohandlung kauften, aber auch schon selbst gezüchtet haben. Dies ist ohne Schwierigkeiten möglich: In ein hohes Glasgefäß werden gekaufte Mehlwürmer (= die Larven des Mehlkäfers) eingebracht, zusammen mit Futter (Haferflocken, trockenes Brot, Apfelstückchen, die für etwas Feuchtigkeit sorgen) und zerknülltem Zeitungspapier, in dem sie sich verkriechen können. Darin spielt sich nun die weitere Entwicklung ab: Verpuppung, Ausschlüpfen der flugunfähigen Käfer, Begattung, Eiablage, Ausschlüpfen der Larven usw. Wer will, kann das Glas zur Sicherheit mit Gaze oder einem mit Luftlöchern versehenen Deckel verschließen. Regelmäßig müssen tote Tiere und eventuell angeschimmelte Nahrungsreste entfernt und bei Bedarf Futter nachgefüllt werden. Die Mehlkäferlarven boten wir unseren Hühnern in der Handfläche oder zwischen Daumen und Zeigefinger gehalten an. Die vier nahmen die Gabe durchaus unterschiedlich zu sich: Quax heftig hackend, Bella und Wuschel sehr vorsichtig, Blacky in ihrer Gier gelegentlich unseren Finger mit packend. Allerdings zeigte sich Wuschel auch hier ab und zu in ihrer ganzen Unsensibilität: Sie drängte sich ganz nach vorn, verlangte quasi Einblick in das Gefäß und verteidigte ihren Platz nach allen Seiten hackend – selbst die Alphahenne Blacky bekam Hiebe ab.

Beim morgendlichen Verlassen des Stalls erfolgte die erste Mehlwurmgabe, etwa zur Mittagszeit die zweite. Wenn die Hühner uns mit dem Glas in der Hand kommen sahen, nahmen sie (egal, was sie gerade taten) die Beine in die Hand und rannten, um ja nicht ihr Lieblingsessen zu versäumen oder es den Konkurrentinnen überlassen zu müssen. Nur ganz selten, wenn sie gerade meditierend und erdgebunden in der Beschäftigung des Sandbadens versunken waren, verzichteten sie auf die geliebte Zugabe. Da Mehlwürmer oder Fliegenmaden sehr kalorienreich sind, sollten sie nur in kleinen Mengen verabreicht werden; im Winter sind sie aber ein guter Ersatz für Kleintiere, die im Freiland nicht zur Verfügung stehen.

Körnerfutter

Körner standen das ganze Jahr über im kastenförmigen Futtertrog aus verzinktem Blech bereit, an dessen Längsseiten alle Tiere gleichzeitig Platz finden und dennoch eine gewisse Distanz einhalten konnten. Dass die Hühner sich wie bei offenen Behältern ins Futter hineinstellen, es über den Rand hinausscharren und möglicherweise verkoten, verhinderten die in Abständen angeordneten Drahtbügel am Deckel, zwischen denen hindurch sie den Kopf in den Behälter tauchen und gezielt Körner aufpicken konnten. Obwohl das Getreide ganztägig zur Verfügung stand, füllten unsere Hennen am liebsten in den Abendstunden ihren Kropf mit der schwer verdaulichen Nahrung – vielleicht, um den Verdauungsapparat noch lange in Aktion zu halten und über genügend Energiereserven sowie ein Sättigungsgefühl für die Nacht zu verfügen.

Ein- bis zweimal im Jahr – je nach Hennenbestand – haben wir einen 25-Kilo-Sack einer fertigen Körnermischung gekauft, die die Tiere gern verspeisten; sie enthält Weizen (ihr Lieblingsgetreide), Mais, Gerste, Muschelschrot und Sonnenblumenkerne unter Zusatz von Proteinen und Mineralstoffen. Warum dagegen die reinen Weizen- oder Gerstenkörner, die wir von der bäuerlichen Verwandtschaft aus eigener Ernte geschenkt bekamen, weniger beliebt waren, wissen wir nicht; darüber machten sich eher die Spatzen her.

Als Verbrauchswert werden für leichte Rassen ca. 120 Gramm Legehennen-Alleinfutter pro Tier genannt bzw. 50 Gramm bei einer Zufütterung von 70 Gramm Legemehl oder Weichfutter. Stern (2001) spricht davon, dass ein guter Auslauf übers Jahr gesehen etwa ein Drittel dieser Futtermenge einspare; auch Estermann (2001) schließt sich mit ihrer Bemerkung *„Ein guter Auslauf mit reichem Grasbewuchs kann die Futterkosten ein wenig senken"* dieser Meinung an. Dem möchte ich eindeutig widersprechen: Unsere Hühner nahmen Körner im Sommerhalbjahr höchstens als Beibrot zur lebendigen Nahrung auf, die mengenmäßig absolut überwog. Dies lässt sich auch anhand von Zahlen nachweisen: Wenn vier Hennen (ich gehe von der Durchschnittsbelegung der vergangenen fünf Jahre aus) täglich 120 Gramm Körnerfutter zu sich nehmen würden, entspräche dies einer Menge von 175 Kilogramm im Jahr; wir dagegen haben maximal zwei 25-Kilo-Säcke pro Jahr, also 50 Kilogramm, benötigt, und das, obwohl ganze Scharen von Spatzen und sonstigen Singvögeln mitgenascht haben! Selbst wenn wir einen Teil der Körner durch Weichfutter ersetzten, bleibt als Fazit: Unsere Hühner nahmen mindestens zweimal so viel Lebendfutter im Auslauf wie Körner zu sich.

Nach Vorhaltungen des Schwagers („zu wenig Eiweiß") haben wir vor Jahren einen Sack Legemehl gekauft. Leider ist uns beim Erwerb das Kleingedruckte auf dem Inhaltsschild entgangen, wonach dieses Mehl zu Recht als „genmanipuliertes Futtermittel" eingestuft werden darf. Es stand den Legehennen in einem gesonderten Gefäß immer zur Verfügung, wurde aber mal angenommen und dann auch wieder lange nicht, sodass sich der gekaufte Sack bis zum Ende der Hühnerhaltung immer noch nicht geleert hatte. Es scheint insbesondere von Frühling bis Herbst keine Notwendigkeit zur Aufnahme dieses Ergänzungsfutters zu bestehen, wenn die Hühner ansonsten ausreichend mit Nährstoffen aus Lebend-, Weich- und Körnerfutter versorgt sind.

Dasselbe gilt für Muschelschalenschrot (zerkleinerte Schalen von Austern, Herz- oder Miesmuscheln), der in Extrasäcken zu kaufen oder zum Teil auch bereits in Körnerfertigmischungen enthalten ist und der den notwendigen Kalk für die Bildung von Eierschalen liefern soll. Diesen erhielten unsere Hühner aber bereits in ausreichenden Mengen durch zerstampfte, kurz erhitzte Eierschalen (manche Autoren raten hiervon ab, um die Tiere nicht zum Eierpicken zu motivieren) oder die Aufnahme von Erde, Sand und kleinen Steinchen im Freiland, das bei uns genügend Kalk im Boden enthält. Nur wenn dies nicht möglich ist, wie im strengen Winter oder bei einer reinen Stallhaltung von Hühnern, scheint mir die Bereitstellung von Muschelschrot sinnvoll zu sein; ersatzweise könnte eine Schale mit Erde oder Sand aus dem Garten Abhilfe schaffen. Kleine Steinchen („Gastrolithen"), die das Geflügel im Freiland aufpickt, dienen als Ersatz für fehlende Zähne; zusammen mit scharfen Sandkörnchen helfen sie, das unzerkaut geschluckte und im Vormagen mit Verdauungssäften angereicherte Getreide im Muskelmagen zu zerreiben und zu zerkleinern.

Trinkwasser

Da Hühner kein Wasser speichern können, muss selbstverständlich immer frisches Trinkwasser bereitstehen, das sie über den Tag verteilt zu sich nehmen – für den Eigenbedarf und als notwendige Voraussetzung für die Produktion von Eiern, die wie ihr eigener Körper zu 60 bis 65 Prozent aus Wasser bestehen. Pro Huhn und Tag sollte man eine Wassermenge von 250 Millilitern bereitstellen, also etwa das Doppelte der Nahrungsmenge. Dieser Durchschnittswert unterliegt selbstverständlich Schwankungen, die der Jahreszeit und dem gesundheitlichen Zustand des Tieres (z. B. während der Mauser) geschuldet sind. Von vornherein existieren auch durchaus individuell unterschiedliche Trinkgewohnheiten; so hatten etwa Wuschel und Quax morgens nach dem Aufstehen mehr als andere das dringende Bedürfnis, ihren Stoffwechsel mit erheblichen Mengen an Wasser aufzufüllen.

Bei Bedarf kann man über das Trinkwasser auch Medikamente zuführen, wie wir es verschiedentlich mit Bachblüten, aufgelösten homöopathischen Globuli oder (im Extremfall) schulmedizinischen Mitteln praktiziert haben. Auch Knoblauch – klein gehackt, überbrüht und einen Tag lang in zimmerwarmem Wasser ziehen gelassen – kann gelegentlich ins Trinkwasser gegeben werden, um die Legetätigkeit anzuregen oder Krankheiten vorzubeugen. Gern schlürfen die Tiere auch morgendliche Tautropfen von den Blättern – ein angeborenes Verhalten, das schon frisch geschlüpfte Küken nach allem Glänzenden picken lässt.

Der Empfehlung, Tröge und Tränken sollten nicht im Auslauf stehen – erstens wegen Verkotungsgefahr, zweitens um die Tiere zu zwingen, öfter den Stall aufzusuchen (vgl. Estermann) –, mochte ich nicht nachkommen. Wenn der Wunsch im Vordergrund steht, den Hühnern einen möglichst ganztägigen Aufenthalt im weitläufigen Gelände zu ermöglichen und auch zu gönnen, muss ich sie nicht zwanghaft in den Stall locken. Bei uns waren deshalb in Freigelände und Stall mehrere Trinkgelegenheiten verteilt, von der Stülprundumtränke, in der der Wasservorrat automatisch in die Trinkrinne nachläuft, bis zu einfachen Trögen, an denen sich auch Singvögel bedienten (hier werden sich, wie beim Futter, die Vogelgrippeverfechter mit Grausen abwenden). Da sich gern Algen und Bakterien ansiedeln, muss man die Gefäße regelmäßig reinigen.

Multifunktionswerkzeug Schnabel

Haben Sie schon einmal ein Huhn beim genüsslichen Trinken genau beobachtet? Den Hintern in die Höhe gereckt, taucht es den Schnabel tief ins Wasser, legt danach den Kopf in den Nacken und lässt das aufgenommene winzige Schlückchen durch die Kehle rinnen. Dies wird so oft wiederholt, bis der Flüssigkeitsbedarf für den Moment gedeckt ist. Es ist, so scheint mir, ein Moment, den die Henne genießt und in dem sie ganz bei sich sein darf.

Überhaupt können wir nur voller Bewunderung über das „Multifunktionswerkzeug" Vogelschnabel staunen. Mangels anderer Hilfsmittel muss er für vielerlei Aufgaben herhalten und ersetzt dabei beim Huhn mehrere vom Menschen ersonnene (bzw. der Natur nachgebaute) Instrumente:

› Als Pinzette ergreift er kleinste Objekte.
› Statt Löffel oder Gabel nimmt er Nahrung auf.
› Als Hammer und Meißel zugleich wird er beim Öffnen von Schalen oder beim Zertrümmern von Schneckenhäusern eingesetzt.
› Als Trinkgefäßersatz sammelt er Wasser und gibt es an die Kehle weiter.
› Wie ein Kamm sorgt er für die Gefiederpflege.
› Als Pickel-Schaufel-Kombination trägt er beim Sandbaden Sand und Erdreich ab.
› Als harte und scharfe Waffe dient er der Verteidigung, dem Angriff oder bei Auseinandersetzungen.

Um diese Aufgaben ausüben zu können, muss der Schnabel wie jedes Werkzeug sauber und instand gehalten werden. So kann man oft beobachten, wie – insbesondere nach einer fett- oder flüssigkeitshaltigen Mahlzeit – der Schnabel durch „Wetzen" am Boden wieder gesäubert wird oder wie ein Huhn durch Schleuderbewegungen des Kopfes am Schnabel haftende, klebrige Futterreste zu entfernen sucht.

WOHIN MIT 73.000 KÖTTELN?

Der Hühnermist

Einer der verbreiteten Vorbehalte gegen die Haltung frei laufender Hühner im Garten dürfte auf der Verschmutzung des Bodens, der ja auch von den menschlichen Mitbewohnern begangen wird, mit Exkrementen sowie dem damit verbundenen „Gestank" beruhen. Diese Geruchsbelästigung veranlasste auch die erwähnten Nachbarn (siehe S. 47), Einspruch gegen die benachbarte Hühnerhaltung einzulegen. Die Hühner selbst, die sehr reinliche Tiere mit einem angenehmen Eigengeruch sind, stinken nicht, lediglich ihr Kot, der viel Ammoniak enthält.

Entsorgungsprobleme

Ein Huhn produziert, wenn man der Fachliteratur glauben darf, pro Tag durchschnittlich bis zu 50 Kothäufchen, was einer Masse von rund acht Kilogramm im Jahr entspricht. Bei vier Hühnern sind das rund 200 Köttel pro Tag, 73.000 pro Jahr oder 365.000 in fünf Jahren, die über das ganze Gelände und natürlich im Stall verteilt sind. Die Verdauung von Vögeln ist darauf abgestellt, in möglichst kurzer Zeit das Futter zu verarbeiten, damit der Körper beim Flug nicht zu stark belastet wird; dieses Erbe ist auch den Haushühnern geblieben, obwohl sie kaum oder nicht mehr fliegen.

Wer seine Hühner in einem abgegrenzten, nur für diesen Zweck gedachten Auslauf hält, erspart sich weitgehend das Problem der Entsorgung. Er wird dafür über kurz oder lang mit einem überdüngten, grasfreien Boden bestraft, aus dem sich sämtliche Arten von Kräutern, Würmern und Insekten verabschiedet haben. Die Hühner finden hier keinerlei natürliche Nahrung mehr und sind vollständig auf die menschliche Fütterung angewiesen.

Wesentlich artgerechter stellt sich demgegenüber eine grasbewachsene Wiese dar, wie sie in unserem Garten vorhanden ist. Wird diese nur von den Hühnern begangen – ohne weitere Nutzung durch den Menschen –, taucht das Hygieneproblem ebenfalls nicht auf: Die Hühner düngen die Wiese, und diese belohnt sie mit saftigem Gras und Kräutern. Problematisch stellt sich das Ganze nur auf Flächen dar, die gleichzeitig von Menschen und Hühnern betreten werden, und zwar in mehrfacher Hinsicht:

1. Die Gras- und sonstigen Flächen, auf denen dem Federvieh der Zutritt erlaubt ist (z. B. Sitzplätze, Terrassen), sollten nur mit speziellen Gartenschuhen begangen werden. Dies ist beispielsweise lästig, wenn Besucher ohne Schuhwechsel den Garten besichtigen wollen.

2. Wildkräuter sind aus hygienisch-gesundheitlichen Gründen für den menschlichen Verzehr tabu.
3. Wenn man die Hinterlassenschaften entfernen wollte (vorausgesetzt, man findet alle 73.000 Köttel): Wohin damit?

Wertvoller Dünger

Den vorgenannten Problemen steht jedoch ein enormer Nutzen des Hühnermists, von Comiczeichner Volker Nökel liebevoll als *„Huhnmus"* oder *„Guhahno"* bezeichnet[16], entgegen. Aufgrund seiner Inhaltsstoffe (siehe Kasten) gilt er als einer der wertvollsten tierischen Dünger. Ein Blogger im Internet berichtete von *„fantastisch wachsenden Tomaten"* einer Landwirtin, die in die Erde Hühnermist eingearbeitet hatte, und meinte: *„Wenn er so wirkungsvoll ist, wie er stinkt, dann brauche ich mir keine Sorgen zu machen…"*[17] Allerdings ist der Mist sehr aggressiv, sodass man ihn nicht frisch verwenden kann, sondern eine Weile lagern und trocknen oder kompostieren sollte, wodurch der Stickstoff in Ammoniak umgewandelt wird und Wurmeier sowie Krankheitserreger zerstört werden. Auch eine vergorene Jauche lässt sich daraus herstellen: ⅓ Kot, ⅔ Regenwasser; nach ca. acht Wochen mit Regenwasser verdünnen und ausbringen. Mastrocola (2003) lässt ihren Bauern Isidoro von der italienischen Praxis berichten, die *balìn* (kleine Kotkügelchen von Hühnern oder Ziegen) einzuweichen und daraus *„eine Art pauta"* (Schlamm) zu machen, mit deren Hilfe Salatköpfe und Zitronen besser gedeihen.

Man kann übrigens zwei Arten von Kötteln deutlich unterscheiden: Die weitaus häufigeren Dickdarmexkremente gesunder Hühner sind normalerweise graugrünlich, von trockener Struktur und mit weißlichen Einlagerungen (was bei der täglichen Suche im Garten enorm hilfreich ist) von Harn, der nicht gesondert als Flüssigkeit

Inhaltsstoffe und Nährstoffwerte von getrocknetem Hühnermist
(in Klammern als Vergleichswert: trockener Rindermist)

Stickstoff (N):	3–4 % (0,6)	32,1 kg/t (5,5)
Phosphor (P_2O_5):	3–5 % (0,3)	30,9 kg/t (3,1)
Kalium (K_2O):	2–3 % (0,7)	21,8 kg/t (9,2)
Kalk (CaO):	7–14 % (0,6)	90,1 kg/t
organische Substanzen:	70 % (18)	
viele Spurenelemente		

Quellen: LWK Hannover: „Ländlich-hauswirtschaftliche Beratung
und Weiterbildung"; „Landwirtschaftliches Wochenblatt" 28/2007

abgesondert wird. Hühner besitzen paarweise angelegte Blinddär-
me, durch die nur ein Teil des Verdauungsbreis geht und in denen
durch Gärungsvorgänge Rohfaser aufgeschlossen wird. Die aus den
Blinddärmen stammenden Häufchen werden seltener (etwa im Verhältnis 1 : 10) abgesetzt und präsentieren sich gelbbraun, eher dünn-
schmierig und übel riechend. Uns belustigte immer von Neuem, wie
unterschiedlich die Hennen ihren Kot absetzten. Hielt Bella, die feine
Dame, in ihrem Vorwärtsschreiten nur kurz inne, um – nebenbei und
als eher peinliche Notwendigkeit, so schien es – einen Köttel fallen
zu lassen und danach durch rhythmische Bewegungen der Kloake
die letzten Reste zu beseitigen, so stemmte sich die eher bäuerliche
Quax breitbeinig mit den Füßen in den Boden und neigte diesem ihr
Hinterteil zu, um sich per Rückstoßprinzip zu erleichtern.

Absammeln und Kompostieren

Das in unserem Garten von Anfang an praktizierte System verband
nun den Nutzen mit der weitgehenden Beseitigung der genannten
Probleme. Allerdings bedingte es einen Zeitaufwand von ein- bis

zweimal zehn Minuten am Tag, bescherte uns aber (neben Bewegung und Stärkung der Muskulatur durch häufiges Bücken) das tägliche und erfolgreiche Auffinden wertvoller Düngekugeln. Wir gingen nämlich, soweit es das Wetter zuließ, mit einer alten Schüssel und einem Löffel durch den Garten, sammelten die sichtbaren Köttel auf und schütteten sie ins Kompostsilo. Bei längerer Beobachtung entwickelt man einen Blick dafür, wo die Lieblingsplätze der Hühner sind bzw. wo sie sich tagsüber aufgehalten haben. Hinzu kommen die leicht abzusammelnden Häufchen, die die Hühner nachts an ihren Schlafplätzen oder auf dem Kotblech darunter hinterlassen haben. Auf diese Weise genossen wir neben dem Geschenk eines wertvollen Düngers auch einen akzeptabel sauberen Garten und eine kotfreie Terrasse, auf der sich die Hühner gern in unserer Nähe aufhielten.

Hygiene

Übrigens: Die Hühner registrieren und erkennen ihre eigenen Kothäufchen! Sie picken Grünfutter, Körner oder Mehlwürmer nicht auf, wenn diese in zu enger Nachbarschaft der Exkremente liegen, und schützen sich so selbst vor einer möglichen Infizierung! Ob dasselbe für den Kot von Singvögeln gilt, habe ich noch nicht herausfinden können; ich könnte mir aber aufgrund von Instinkt und Intelligenz der Hühner durchaus vorstellen, dass sie auch das Futter neben solchen gut erkennbaren Kleinexkrementen meiden.

Nicht besonders betont zu werden braucht, dass wir Menschen im eigenen Interesse eine größtmögliche Hygiene walten lassen sollten. Händewaschen nach entsprechenden Kontakten ist immer angesagt; in Extremfällen, so bei der jährlichen großen Stallreinigung, arbeiteten wir mit Handschuhen und duschten anschließend, um eventuell auf uns übergegangene Flöhe oder Milben zu beseitigen.

LEGELEISTUNG UND OSTEREIERSUCHE

Rund um das Ei

Etwas verlegen (und innerlich schmunzelnd) erwarteten wir in den vergangenen Jahren gelegentlich die peinliche Frage unserer bäuerlichen, über stattliche Hühnerhöfe verfügenden Verwandtschaft: „Und, legen sie immer fleißig?" Kaum wagten wir zu bekennen, dass unsere Hennen nur sehr unregelmäßig ihrer „Pflicht" nachkamen, dass sie eben Eier legten, wann und sooft (oder weniger oft) es ihnen gefiel. Besonders mein Schwager – dem es als Bauer ohnehin schwerfällt zuzusehen, wie jemand Hühner hält oder züchtet, die kaum Eier legen und nicht in der Suppe enden – ließ dann gern durchblicken, dass er derartige Schmarotzer höchstens noch im Suppentopf akzeptieren könnte. Außerdem schob er uns landwirtschaftlichen Laien die Schuld zu mit der Behauptung, wir würden falsch füttern: Unseren Hühnern fehlte es wahrscheinlich an Eiweiß in der Nahrung, wir müssten deshalb unbedingt Legemehl zugeben usw. Wir pflegten dann auf die Tatsache zu verweisen, dass es sich eben um Zier- bzw. Rassehühner statt um ausgewiesene Legehennen handle, und außerdem sei für uns die Freude am täglichen Umgang mit ihnen wichtiger als eine Masse von Eiern, die wir ohnehin nur in geringen Mengen zu uns nähmen (in den ersten, den Hauptlegejahren, haben wir deshalb auch ständig Eier an Verwandte und Nachbarn verschenkt). Vermieden habe ich den Hinweis gegenüber dem Schwager, dass dessen zahlreiche Hühner in ihrem viel zu kleinen Gehege kaum mehr natürliches Eiweiß fänden und er deshalb auf eiweißhaltige Zufütterung angewiesen sei.

Ich kann mir beim besten Willen nicht vorstellen, dass Geflügel, das sich mit Frischnahrung aus der Natur bedient, an Eiweißmangel leidet. Immerhin weist beispielsweise ein Regenwurm bei einem Wassergehalt von ca. 77 Prozent einen Eiweißanteil von 14,3 Prozent auf.

Legeleistung

Laut Fachliteratur müssten Wyandotten eine „gute Fleisch- und Eierleistung" erbringen und uns mit rund 180 Frühstückseiern pro Henne und Jahr beglücken. Den Seidenhühnern wird das Zeugnis „recht gut legend" ausgestellt, mit einer jährlichen Eierproduktion von 80 bis 120 Stück. Von diesen Traumzahlen waren unsere Hennen – aus welchen Gründen auch immer – weit entfernt.

Laut unserer aus Interesse, nicht zur wirtschaftlichen Kontrolle betriebenen „Buchführung" konnten wir vereinnahmen:

Jahr	Legezeit	Eierzahl	Zahl der Hennen
2009	13.1. – 15.10.	244	5
2010	19.3. – 3.8.	59	4
2011	5.4. – 4.9.	26	3
2012	2.6. – 7.7.	16	3

Mit diesen als Geschenk erhaltenen 345 Eiern konnten wir immerhin die gesamte Eierproduktion der Bundesrepublik, die mit konstant rund 10 Milliarden jährlich angegeben wird, etwas entlasten! Für 2008, das erste Jahr der Haltung, liegen leider mangels Aufzeichnungen keine auswertbaren Zahlen vor. Nach unserer Erinnerung und aufgrund der Tatsache, dass alle unsere Hühner damals als Einjährige in der Blüte ihrer Legezeit standen, dürfte jedoch das gute Ergebnis von 2009 weit übertroffen worden sein, zumal für eine kurze Zeit noch die legestarken Hampshires ihren Obulus ablieferten. Jedes Ei wurde von uns übrigens mit dem Legedatum beschriftet, um bei einem Eierstau in Keller oder Kühlschrank die jeweils ältesten zuerst zu verbrauchen; außerdem schmecken Eier 5 bis 7 Tage nach dem Legen am besten, was durch das Legedatum kontrolliert werden kann.

„Ernten" durften wir übrigens der rassebedingten Tiergröße angemessene, relativ kleine Eier mit einer Länge von 4–5 Zentimetern. Die Schale war meist hellbraun, manchmal schenkten uns Quax und Wuschel aber ein Ei mit einer fast weißen und einer dunkleren Hälfte (hier scheint der „Farbvorrat" im Uterus ausgegangen zu sein). Die Legeprodukte wiesen auch, selbst beim gleichen Tier, nicht immer die gleiche Form auf; üblicherweise brachten Blacky und Bella mehr spindelförmige, an beiden Enden eher spitze Eier zustande, während Wuschel gelegentlich auf die Produktion nahezu runder Tischtennisbälle umsattelte. Ab und zu konnten wir auch mit Verwunderung Eier mit etwas schrumpeliger Kalkschale entgegennehmen. Es ist erstaunlich und mit Respekt zu betrachten, welch verschiedenartig geformte und gefärbte Produkte in dem 24-stündigen Durchlauf durch den Legeapparat ausgebildet werden. Die hier genannten Legezahlen treiben einem gestandenen, wirtschaftlich denkenden Bauern und Hühnerhalter wohl die Tränen in die Augen, wenn er an die Futterkosten denkt. Man brauche sich, so die in diesem Denken verhaftete Autorin Rockstroh (1987), *„über mangelhafte Legeleistung (…) nicht zu wundern"*, wenn man wie früher den Tieren *„ein- oder zweimal am Tage eine gewisse Menge an Getreide"* hinstreue und sie sich das übrige Futter selbst suchen lasse – was unsere Hühner mit Vorliebe und nicht aus Vernachlässigung praktizierten. Auch lehnten wir Maßnahmen wie Lichtprogramme im Stall ab, die die „Tag"-Empfindung verlängern und damit die Gesamtlegeleistung über die von der Natur vorgegebene Grenze hinaus erhöhen sollen. Auf den Einsatz von (bitte nicht lachen!) Musik im Stall haben wir verzichtet, auch wenn eine solche eventuell zur abendlichen Beruhigung hätte beitragen können. Verschiedene Studien in Israel und den USA konnten nachweisen, dass leise, beruhigende Musik eine Zunahme von Gewicht und Zufriedenheit bewirkte, wohingegen sich das Hühnergefieder bei „The Final Cut" von Pink Floyd erkennbar sträubte.[18]

Allerdings brauchten sich unsere Hennen vor ihren wilden Bankiva-Vorfahren keineswegs zu schämen: Diese bringen es lediglich ein- bis zweimal im Jahr auf jeweils 5 bis 12 Eier! Auch beruhigte uns die Tierärztin mit ihrer auf Erfahrung beruhenden Auskunft, Wyandotten und insbesondere Seidenhühner legten „relativ wenig" und nur innerhalb eines Zeitraums von 7 bis 8 Wochen. Ab August werde bei allen Hühnern wegen des abnehmenden Lichts die Legetätigkeit reduziert, wenn man nicht durch künstliche Beleuchtung im Stall nachhelfe. Hobbyisten wie uns sind derartige Zahlenspielchen relativ egal, auch wenn man sich natürlich über die möglichen Ursachen seine Gedanken macht. Da unsere Hühner normalerweise einen gesunden und stabilen Eindruck machten, sie sich in der Legeperiode von Frühling bis Herbst ihr Futter auch weitgehend selbst suchten und zusammenstellten, konnte die relativ geringe Eierzahl nicht an der Fütterung liegen; entgegen dem Vorwurf meines Schwagers standen außerdem immer Legemehl, Muschelkalk und Wasser bereit. Eine andere Möglichkeit wäre die kleine Zahl von Hennen, also quasi ein zu geringer Anregungs- und Konkurrenzdruck. Vielleicht fehlte auch der Hahn – wir wissen es nicht, und: Im Grunde genommen interessiert es uns auch nicht!

Dass die Zahl der gelegten Eier mit dem Lebensalter der Hennen abnimmt, ist ebenfalls durchaus normal. Hühner haben mit drei Jahren ein „fortgeschrittenes" Alter erreicht und legen ab einem Pensionsalter von 5 bis 6 Jahren nicht mehr (Ausnahmen bestätigen die Regel – wie bei uns Menschen, wo auch manche noch nach der Berentung mehr oder weniger freiwillig einer bezahlten Beschäftigung nachgehen). Auch die Legeleistung der einzelnen Individuen und deren Rückgang mit den Jahren waren sehr unterschiedlich:

› Bella von 54 (2009) über 32 (2010) und 24 (2011) bis zu 4 (2012) Eiern
› Quax: 77 – 15 – 1 – 0
› Wuschel: 58 – 4 – 0 – 13 (!)

Während der Mauser stellen Hühner die Eierproduktion ein, auch anhaltende sommerliche Hitze kann eine Legelustlosigkeit bewirken, und im Winterhalbjahr mussten wir Eier grundsätzlich auf dem Wochenmarkt oder im Supermarkt kaufen.

„Aus dem Futter schaffen"

Hochleistungshühner (im Fachjargon „Produktionseinheiten" genannt) werden bereits nach 1 ½ bis 2 Jahren aussortiert, weil sie erschöpft sind und in der geforderten Leistung so stark nachlassen, dass sie nicht mehr gewinnbringend „arbeiten". Bedauerlich ist die „Regel", die auch per Fachliteratur Landwirten wie privaten Haltern nahegelegt wird, dass nämlich *„eine Herde Hennen abgeschafft werden sollte, wenn die Legeleistung unter 50 % sinkt"* (Estermann, 2001). Es handelt sich hier um ein eiskaltes Abservieren und „Entsorgen" (man schafft sich die wirtschaftlichen „Sorgen" vom Hals) von Kreaturen, sobald sie ihre „Pflicht und Schuldigkeit" getan haben. Dieselbe unsere Mitgeschöpfe verachtende, allein an der Nützlichkeit und Wirtschaftlichkeit orientierte Denkweise spricht aus weiteren Empfehlungen der Autorin, etwa:

› *„Hennen, die nicht mehr legen, sind auszusortieren, denn sie drücken den Leistungsstand und fressen nur."*
› *„Es liegt in der Entscheidung des Hühnerhalters, schlecht oder vorübergehend (!) nicht legende Hennen weiter zu halten oder zu schlachten."*
› *„Nach zwei Legeperioden sollten die Hennen abgeschafft werden."*

Nicht alle Tiere haben die Möglichkeit, wie die vier „Bremer Stadtmusikanten"[19] fortzulaufen, wenn sie der Herr *„aus dem Futter schaffen"* will; deshalb: Hut ab vor allen Menschen und Institutionen, die „ausgedienten" Tieren – seien es Pferde, Kühe, Katzen, Hunde oder Hühner – ihr Gnadenbrot und einen würdevollen Lebensabend ermöglichen!

Ostern ist nicht nur einmal im Jahr

Interessant stellte sich die tägliche Eiersuche für uns dar. Wilde Hühner legen ihre Eier ja irgendwo in der Landschaft an verborgenen Stellen ab, wo sie sie dann heimlich ausbrüten können. Domestizierte Hennen sind auf ihre Legenester geprägt, zumal wenn sie nur einen kleinen Auslauf ohne Versteckmöglichkeiten haben. Bietet man ihnen jedoch einen großflächigen, unübersichtlichen Garten mit vielen Büschen, Holzstapeln, Arealen mit hochgewachsenen Blumen und anderen Unterschlupfmöglichkeiten, wie es bei uns der Fall war, so kommt man nicht selten in die Verlegenheit, das allem Anschein nach irgendwo „verlegte" Ei suchen zu müssen. Das ist manchmal lästig, manchmal genussreich – und voller Erinnerungen an die Ostereiersuche der eigenen Kindheit oder der späteren Zeit, als die eigenen Kinder noch klein waren. Viele Menschen, die mit Hühnern aufgewachsen sind, können diese Prozedur bestätigen; so berichtet die im Havelland groß gewordene Gräfin Bredow von ihrer nur sparsam legenden Henne Berta: *„Ihre Eier versteckte sie so, als ob jeden Tag Ostern wäre. Mal fanden wir ein Ei im Aschenkasten, mal in der Mülltonne und manchmal auch im Bett der Köchin."*[20]

Manche frei laufenden Hennen weisen durch ihr Verhalten deutlich darauf hin, dass heute wieder der „große Tag" gekommen ist und ein fertiges Ei auf seine Ablage wartet: Sie hasten unruhig und unablässig den Garten auf und ab, suchen in allen Gebüschen einen geeigneten Platz (unverständlicherweise auch nach oben peilend) und erheben dabei zum Teil – wie unsere Quax – ihre Stimme, mit der sie die Geburtswehen signalisieren. Bei anderen, wie z. B. bei Bella, ging das Ganze absolut ruhig vor sich; wir konnten nur durch Beobachten erkennen, was sie vorhatte – und wo sie es zu tun gedachte. Meinte sie es gut mit uns, zog sie sich in den Stall zurück und legte ihr Ei in eines der dafür vorgesehenen Nester. Wenn es ihr allerdings danach war, uns an der Nase herumzuführen, verschwand sie für einige Zeit (die Eiablage dauert gewöhnlich ein bis zwei Stunden) irgendwo in einem abgelegenen und schwer zugänglichen Versteck und tauchte nach einiger Zeit wie aus dem Nichts wieder auf. Nach einem kurzen, ergebnislosen Blick in die Stallnester ging für uns dann die Suche los: Man kannte seine Pappenheimer und ihre möglichen Lieblingsplätze, kroch in den Fliederbusch, verfolgte Spuren durch die Blumenwiese, schaute unter sämtliche Hecken – und fand am Ende das Ei (oder auch nicht). Oft konnten wir erst nach Tagen den Legeplatz durch Zufall entdecken, in dem dann drei Bella-Eier lagen; einmal fanden wir im Frühjahr im Blumenbeet ein völlig durchgefrorenes, quasi versteinertes „Setzei".

Missgeburten

So manches Mal endete die Eiersuche allerdings ohne Ergebnis: Trotz allen äußeren Anzeichen des Legenwollens hatte die Henne ihr Vorhaben dann doch nicht durchgeführt und auf den nächsten Tag verschoben. Besonders Quax hatte die Angewohnheit, wenn sie in ihrem natürlichen Zwei-Tage-Rhythmus einmal kein Ei zu legen vermochte, dies umgehend am nächsten Morgen nachzuholen. Blacky produzierte ein paarmal morgens ein Ei, nachdem Anna sie am Abend zuvor gestreichelt und ihr den Rücken geklopft hatte. Oft erhob sich auch das eine oder andere Huhn nach langem Sitzen aus seiner Legekiste im Stall, ohne ein Ei hinterlassen zu haben und, so schien es mir, mit frustrierter Miene. Ich denke, dass das Ei, das ja – vom Eileitertrichter bis zum Uterus (Eihalter, Kalkkammer) mit seinen Schalendrüsen – einen Durchlauf von knapp 24 Stunden benötigt, in diesem Fall doch noch nicht fertig oder das Huhn aus anderen Gründen nicht bereit zum Legen war; vielleicht hatten sich zwar die „Geburtswehen" angekündigt, die eigentliche „Geburt" aber verzögerte sich noch (so etwas soll es beim Menschen auch geben).

Gelegentlich mussten wir am Morgen an oder unter dem Schlafplatz Eier mit papierdünnen Schalen (vorzugsweise von den Seidenhühnern) oder solche ganz ohne Kalkschale (sog. „Wind- oder Fließeier") auflesen; hier lag entweder eine kurzzeitige Funktionsstörung der Kalkdrüsen vor oder der Legedruck war so groß, dass das Ei auch ohne die notwendige Aufenthaltszeit im Uterus nicht mehr zurückgehalten werden konnte. Dort verbleibt es normalerweise 19 Stunden, also etwa 80 Prozent der Gesamtdauer der Passage, und wird in dieser Zeit mit der luftdurchlässigen Kalkschale versehen. Am fehlenden Kalk oder Wasser konnte es nicht liegen, denn erstens stand immer kalkhaltiges Beifutter (Muschelschalen, Steinchen u. Ä.) und Trinkwasser in Gefäßen bereit, und zum Zweiten nahmen die Hühner bei ihrer täglichen Wanderung durch den Garten an frei gescharrten Stellen ohnehin ständig Sand und Erde zu sich, die bei uns ebenfalls genügend Kalk enthalten.

Goldgelbe Dotter

Die Eier unserer Hühner, sowohl Wyandotten wie Seidenhühner, zeichneten sich durch einen Dotter aus, dessen goldgelbe Farbe diejenige gekaufter Eier überstieg; dies haben auch alle beschenkten Nachbarn und Verwandte bestätigt. Jeder Kuchen, jedes Backwerk, das solche Eier enthielt, wies eine intensiv gelbe Färbung auf, an der man die Eigenproduktion sofort erkannte. Man sollte meinen, auch die käuflich erworbenen Eier von Hühnern aus „Freilandhaltung" müssten solche Dotter haben; dies ist aber nicht der Fall. Allerdings sollen Eier aus Grünlandhaltung generell doppelt so viele Carotinoide (gelbe Farbstoffe, die als wirksame Radikalenfänger und damit als Schutz vor Krebserkrankungen gelten) enthalten wie solche aus Käfig- oder Bodenhaltung.

Das Geheimnis „unserer" Dotter muss in der Futterzusammensetzung liegen – nicht in derjenigen der gekauften Standardkörnermischung, die unsere Hühner im Sommer lediglich als Zugabe zu sich nahmen, sondern in der abwechslungsreichen Nahrung aus

Gräsern, Kräutern, Würmern und Insekten, wie sie in unserem Garten (und nicht unbedingt in jedem „Freiland") vorgefunden wurde. Dabei habe ich die liebend gerne abgerissenen Löwenzahnblätter in „Verdacht", für die besondere Gelbfärbung des Dotters zumindest mit verantwortlich zu sein.

Da unsere Hühnerschar von keinem Hahn geführt und überwacht wurde, waren alle gelegten Eier selbstredend nicht befruchtet und konnten damit nicht als Basis für eine eigene Zucht dienen. Auf uns traf also die respektlose Bemerkung nicht zu: *„Wir ziehen Hühnern den ungeborenen Nachwuchs unter dem Hintern weg."*[21]

Wussten Sie übrigens, dass

› Hühnern die angeborene Disposition, nur nach einer vorausgehenden Paarung Eier zu legen, im Laufe der Zeit durch gezielte „Selektion" weggezüchtet worden ist?

› die Fähigkeit, im Gegensatz zu den wilden Verwandten ganzjährig Eier zu legen, in einer Mutation des für die Koppelung von Tageslänge und Reproduktion zuständigen Gens TSHR begründet liegt, die durch züchterische Auswahl fest in der Tierart Haushuhn etabliert wurde?

› die Farbe, die im Uterus ganz zuletzt in die oberste Kalkschalenschicht des Hühnereies eingelagert wird, und die Farbe der Ohrlappen (auch Ohrscheiben genannt) die gleiche genetische Basis haben? Deshalb gilt: Reinrassige Hühner mit weißem Ohr (sog. Mittelmeerrassen) legen weiße, solche mit rotem Ohr (asiatische Rassen) bräunliche Eier.

Soziales Eierlegen

Interessant – und für uns äußerst lästig – war ein vor allem in den ersten Jahren gezeigtes Verhalten aller Hühner, das uns zu diesem Zeitpunkt weder aus der Literatur noch aus Gesprächen bekannt war, das wir aber im Lauf der Zeit als zum Hühnerhof gehörig akzeptieren lernen mussten. Auf ein Einzellegenest rechnet man üblicherweise 3 bis 4 Hennen, die hier ihre Eier ablegen können, und zwar normalerweise nacheinander! Dies aber war der springende Punkt: Obwohl im Stall von Anfang an ständig vier, später mit sinkender Hennenzahl nur noch drei Legekisten (also ausreichend für 9 bis 16 Tiere) zur Verfügung standen, drängelten sich legebereite (?) Damen oft vor ein und demselben Nest, das bereits von einer Legerin besetzt war. Anstatt eine eigene, kuschelig gepolsterte Kiste aufzusuchen, marschierten die Außenstehenden vor dem besetzten Nest auf und ab, begehrliche Blicke hineinwerfend, versuchten auch zum Teil, diese zu entern, dabei lautstark klagend und protestierend – warum wohl? Weil gerade ihre Lieblingskiste belegt war? Weil sie sich gern zur Legerin ins Nest gesetzt und dort zusätzlich ihr eigenes Ei deponiert hätten, wie es bei den geselligen Hühnern gelegentlich vorkommt? Weil sie dieser Legerin ein Ei nicht gegönnt haben?

Wir wissen es nicht, haben das in unseren Augen unnötige Geschrei missmutig zur Kenntnis genommen und sind dagegen eingeschritten, wenn es zu laut wurde und zu lange anhielt. Die Schreihälse haben dann auch oft den Stall wieder verlassen und sind ihrer Beschäftigung nachgegangen; manchmal haben sie dann doch eine andere Kiste aufgesucht, wenn der Legedruck anscheinend zu groß war.

In dem bereits zu Anfang erwähnten dänischen Film „Meine Hühner und ich" wird in sehr beeindruckenden Aufnahmen das oben geschilderte Verhalten gezeigt: wie zu einer legenden und brütenden Henne weitere Tiere in den Korb drängen, dort ihre eigenen Eier hinzulegen und sich zum Teil selbst mit hineinquetschen, sodass letztlich bis zu drei gackernde Hühner im – nicht für eine solche Überbevölkerung ausgelegten – Legenest sitzen und sich um das Brutgeschäft streiten.

Eier legten Hennen ursprünglich nicht, um die Ernährung des Menschen zu bereichern, sondern um ihre Art zu erhalten. Dies geschah in dem von der Natur dafür vorgesehenen Umfang. Von dieser Natürlichkeit hat sich die Henne „dank" der menschlichen Züchtungserfolge weit entfernt; sie muss heute – egal ob Rasse- oder Hybridhuhn – viel mehr Eier produzieren als ihre wilden Verwandten, als sie selbst will und als ihr dies möglicherweise guttut.

Deshalb ist das Mindeste, was wir als Gegenleistung anbieten können: den gedankenlosen Konsum einzuschränken und jedes einzelne Ei, das mit einer 24-stündigen Vorbereitung und unter ein- bis zweistündigen „Geburtswehen" zustande gekommen ist, als Geschenk der Henne an uns zu betrachten und zu würdigen! Wir jedenfalls haben uns nach jeder Gabe bei der jeweiligen Legehenne bedankt und ihr Ei mit Achtsamkeit und Genuss verspeist.

DAS SITZEN AUF IMAGINÄREN EIERN
Heiße Brüter

In manchen Jahren tauchte bei zweien unserer Hennen der dringende Wunsch auf, für Nachwuchs zu sorgen. Dass kein Hahn zur Verfügung stand, schien sie nicht zu stören. Insbesondere die Seidenhühner sind wegen ihrer eifrigen Brutlust und der liebevollen Führung der Küken bekannt, aber auch die Wyandotten galten als gute Glucken, wobei bei diesen der Bruttrieb an den Farbschlag gekoppelt sein soll. Bei den sogenannten Legerassen ist die entsprechende Veranlagung dagegen häufig weitestgehend „weggezüchtet" worden, da man keinen Wert auf das „Glucken" legt.

Gluckenhaftes Verhalten

Bei Quax und Wuschel kündigte sich einige Tage vorher an, wenn sie „gluckig" oder „brütig" wurden, wie wir sagen, d. h., sie kamen in Brutstimmung. Wir konnten dies daran erkennen, dass sie sich etwas von den anderen Hennen absonderten und mit geplustertem Gefieder und gluckende Laute ausstoßend durch die Gegend liefen. Schließlich stellten sie das Eierlegen ein und setzten sich in ihre Legekiste, aus der sie die nächsten Wochen nur auftauchten, um sich kurz mit Futter (wegen des reduzierten Stoffwechsels nur wenig) und Wasser zu versorgen und den angesammelten Kot abzusetzen.

Einmal im Juni waren von vier Hennen zwei gleichzeitig brütig: Wuschel noch (seit Ende April), Quax neuerdings. Der restliche „trostlose Haufen", der sich zu keinerlei Mutterschaft aufraffen mochte, bestehend aus Blacky und Bella, schloss sich in dieser Zeit wieder enger aneinander. Erstaunlicherweise kam es auch wieder zu gelegentlichen „Hahnenkämpfen" zwischen Bella und Quax, wenn diese ihre Brutkiste verließ; anscheinend kommen die längst ausgehandelte Hackordnung sowie lange bestehende Freundschaften durcheinander, wenn ein Huhn anlässlich des Brütigseins etwas „neben der Kappe" ist.

Die beiden Möchtegernmütter lebten in der Einbildung, auf Eiern zu sitzen und diese auszubrüten, auch wenn wir ihnen das letzte Ei zuvor weggenommen hatten. Anfangs taten uns die Tiere leid und wir legten mangels Gipseiern einen Tischtennisball ins Nest; später unterließen wir selbst dies, sodass das Brütehuhn nahezu bewegungslos, meditierend und in sich versunken auf dem bloßen Stroh-Heu-Gemisch saß. Nur wenn man sich dem Nest näherte oder gar mit der Hand hineingriff, konnte es sein, dass die Henne aus ihrer Lethargie erwachte und das „Gelege" leidenschaftlich mit Hacken und Fauchen verteidigte.

Gegenmaßnahmen

Ich stelle mir vor, dass es sich bei diesem Pseudobrüten um ein instinktives, durch Hormone der Keimdrüsen angestoßenes und ablaufendes Programm handelt und das Huhn nicht in der Lage ist einzusehen, dass aus einem nicht vorhandenen Ei niemals ein Küken schlüpfen wird. Wir fühlten deshalb das dringende Bedürfnis, diese in unseren Augen sinnlose und den Körper schwächende Tätigkeit abzubrechen – mit welchen Methoden auch immer. Ratschläge gibt es in dieser Situation genug, auch mehr oder weniger rabiate: Man solle Geduld haben, da es von allein wieder vergehe; man müsse das Tier separieren und über mehrere Tage in eine dunkle Kiste sperren; man habe das Tier gefälligst in einem „Entwöhnungskäfig" aus Draht oder Latten unterzubringen, der in Sichtweite der anderen Hühner aufgehängt (!) wird, und so weiter. Eine russlanddeutsche Nachbarin meinte, bei ihr zu Hause habe man eine solche Henne öfter mit dem Bauch in Wasser getaucht und dabei Erfolg gehabt. Auch die zurate gezogene Tierärztin empfahl, das Huhn drei Tage auf einen nackten und kalten Boden zu setzen, eine Kiste darüberzustülpen und ihm Futter und Wasser zu entziehen. Anfangs griffen auch wir zu solch radikalen Methoden, tauchten etwa Quaxens Bauch drei Tage hintereinander in Kaltwasser; später nahmen wir Abschied von derartigen Praktiken, holten Tag für Tag das Huhn mit Handschuhen aus der Kiste und trugen es ins Freie (wo Wuschel, wenn überhaupt, ein paar Körnchen aufpickte und postwendend wieder in Richtung Stall rannte). Alternativ entfernten wir die Brutkisten oder verschlossen die Tür, wenn das Huhn im Freien war. Obwohl alle (für uns akzeptablen) Tricks ausprobiert wurden, brütete das jeweilige Huhn meist unverdrossen weiter, solange es dies für richtig hielt. Gegen Ende des Brütigseins verließ die erfolglose Mutter immer öfter ihre Kiste und hielt sich immer länger im Freien auf, bis sie eines Tages nicht mehr in den Stall zurückkehrte oder dort ihre Legetätigkeit wiederaufnahm.

Wuschel, das „Brutopfer"

Ein befruchtetes Ei auszubrüten, dauert normalerweise 21 Tage. Nach dieser Zeit sollten also, wenn ein Huhn rechnen könnte, die Erfolglosigkeit eingesehen und das Brüten eingestellt werden – so dachten zumindest wir. Doch in manchen Fällen wurde die 3-Wochen-Frist erheblich überzogen; so war etwa Quax über sechs Wochen brütig, und eine Hobbyhalterin beklagte einmal, dieses Spiel dauere bei ihr inzwischen zehn Wochen!

Diese Hartnäckigkeit wurde letzten Endes auch unserem wuscheligen Seidenhuhn zum Verhängnis. Die damals Fünfjährige hatte im Juni und Juli immerhin noch stolze 12 Eier gelegt und danach jeweils die Legekiste verlassen. Allerdings kündigte sich, wie in den Jahren zuvor, bereits in diesen Legewochen das kommende Brütigsein durch ein zunehmendes Glucken („gluck-gluck-gluck") und Ausstoßen krähender Töne an. Das letzte, dreizehnte Ei schenkte sie uns am 8. Juli, setzte sich darauf und begann es auszubrüten. In den folgenden Wochen verließ sie mehr oder weniger regelmäßig und gluckend das Nest, um kurz zu trinken und etwas Körnernahrung aufzunehmen, worauf sie umgehend wieder zur verlassenen „Brut" eilte. Weil sie so alle zwei bis drei Tage wenigstens kleine Mengen an Nahrung zu sich nahm, waren wir nicht sonderlich beunruhigt; erst nach der vierten Woche suchten wir sie verstärkt, aber letztlich erfolglos zum Verlassen des Nests zu bewegen. Genau nach fünf Wochen, am Morgen des 11. Juli, verließ ihr Geist dann den doch allzu sehr geschwächten Körper, den wir morgens leblos am Boden fanden. Vielleicht hat sie bis zum Ende ihr Bestes gegeben, um endlich in ihrem Leben einmal Küken spazieren führen zu können (was wir ihr im Rückblick gesehen liebend gern gegönnt hätten), und sich dadurch buchstäblich „zu Tode gebrütet"; vielleicht war aber zu diesem Zeitpunkt auch einfach ihre Lebensaufgabe beendet und die Lebensenergie aufgebraucht.

Verständigung unter Hühnern

Es stellt in meinen Augen einen großen Fortschritt dar, wenn die Wissenschaft nach und nach auch Tieren eine „echte Sprache" zugesteht, wie es z. B. der amerikanische Tierkommunikationsforscher Con Slobodchikov tut. Aufgrund seiner Beobachtungen bei Präriehunden kam er zu einer Sichtweise, die Sprache als Spielart eines allen höheren Lebewesen innewohnenden biologischen Systems begreift und nicht als „letzte Bastion der menschlichen Sonderstellung".

Er plädiert deshalb für eine Aufhebung der kategorischen Grenzen zwischen Tieren und Menschen und folgert daraus: *„Wenn wir erkennen, dass wir alle zusammen Teil der Natur sind, werden wir besser zu den Tieren sein."*[22]

Damit rücken zumindest einzelne Wissenschaftler vom Dogma ab, erst die Wortsprache, die konkrete und abstrakte Begriffe benennt, habe den Menschen weit über alle Tiere erhoben und ihn befähigt, über Vergangenes und Zukünftiges zu sprechen. Wer die Berichte über Tierkommunikation (siehe S. 33) aufmerksam liest und die darin enthaltenen Aussagen akzeptieren kann, wird auch jeder Art von Tieren zugestehen müssen, dass sie sich über Konkretes wie Abstraktes äußern, über vergangene Erlebnisse berichten und sich über Gegenwart und Zukunft Gedanken machen können.

Tiere, also auch Hühner, scheinen problemlos in der Lage zu sein, ununterbrochen telepathisch miteinander zu kommunizieren und sogar mehrere Unterhaltungen gleichzeitig zu führen. Was wir Menschen also aufgrund ihrer Lautäußerungen und nonverbalen Körpersprache „mitbekommen", ist nur ein verschwindend kleiner Teil der Mitteilungen, die sie im Lauf eines Tages absenden.

Lautäußerungen bei Hühnern

Wie andere höhere Tiere verständigen sich Hühner über ein umfassendes Repertoire von Lautäußerungen. Dies sollte jedem potenziellen Halter klar sein, bevor er sich an die Anschaffung wagt – „stumme" Hühner gibt es nicht! Der Landarzt und lebenslange Hobbyforscher Erich Baeumer (*„Ich bin mit Hühnern aufgewachsen wie mit Brüdern und Schwestern"*) will beim Haushuhn etwa 30 angeborene, weltweit gemeinsame Klangbilder – vom „Gakeln" und Gackern bis zu Warnrufen und Drohlauten – so klar unterschieden haben, dass *„die*

Bezeichnung ,Lautsprache' einen vernünftigen Sinn hat". Allerdings konnte ich feststellen, dass über diese 30 Laute (aufgelistet z. B. bei Rhein, 1985) hinaus durchaus noch weitere zum Gesamtrepertoire zählen, etwa ein Knurrlaut, den alle unsere Hennen beherrschten. Er diente einerseits als abschlägige Antwort Bellas (*„Ich will noch nicht"*) auf eine zuvor geäußerte Aufforderung Quaxens (*„Mir ist langweilig. Komm woandershin!"*), war aber auch des Öfteren von Quax als Wohlfühllaut während des Sandbadens zu hören, vergleichbar mit einem wohligen Seufzen bei uns Menschen.

Am bekanntesten für den Laien – und oft sogar der einzige Laut, den er mit weiblichen Hühnern in Verbindung bringt – ist das lautstarke, im weiten Umkreis vernehmbare Gackern, das eine Henne nach vollbrachter Eiablage produziert (und das eventuell gutnachbarliche Beziehungen belasten kann). Diesen Lärm haben unzählige Dichter und Schriftsteller treffend in ihren Werken verewigt, etwa Matthias Claudius (*„… und pflegte denn ganz ungemein, / Wenn sie ein Ei gelegt, zu schrei'n, / Als wär' im Hause Feuer."*)[23], Zbigniew Herbert (*„Und dazu noch diese parodie des gesangs, abgeschnittne supplikationen über eine unsagbar lächerliche sache: das runde, weiße, beschmierte ei."*)[24] oder Heinrich Seidel, in dessen Gedicht ein Karpfen dem Huhn vorhält:

> *„… Alljährlich leg ich 'ne Million*
> *Und rühm mich des mit keinem Ton:*
> *Wenn ich um jedes Ei*
> *So kakelte,*
> *Mirakelte, spektakelte –*
> *Was gäb's für ein Geschrei!"*[25]

Das „Legegackern" mag vielleicht zu einem geringen Teil die Freude und Erleichterung über eine gelungene „Geburt" ausdrücken, ist aber vor allem als „Herdensuchruf" zu verstehen, mit dem die Henne nach ihrer mehrstündigen Isolation den Anschluss an die Genossinnen zu finden hofft. Halten sich diese in der Nähe oder in Sichtweite auf, erstirbt das Gackern normalerweise auch bald; ich habe aber in manchen Hühnerhöfen Hennen erlebt, die sich dennoch nicht beruhigen konnten und lange Zeit weitergegackert haben. Das Legegackern entspricht dem „großen" oder vollen Gackern, mit dem das Tier drohendes Unheil und seine damit verbundene Angst anzeigt; unsere leicht erregbare Quax konnte sich allerdings auch nach Ende der Gefahrensituation noch weiter ereifern und signalisierte mit gestrecktem Hals und einem schluckaufartigen Gegacker, dass sich ihre Aufregung noch nicht vollständig gelegt hatte.

Angenehm in den Ohren klingt dagegen das sogenannte „Gakeln" (ein gedehntes „Gooo-goo-gooo"), das dem menschlichen Singen ähneln kann. Wir vernahmen es in den unterschiedlichsten Situationen: vom Ankündigen der Legebereitschaft bis zum Wunsch in der Abenddämmerung, sich endlich in den Stall zurückzuziehen.

Häufig zu hören sind auch Laute, die den höheren Platz in der Rangordnung demonstrieren und festigen. So stieß Bella gegenüber ihrer Freundin, dem „Underdog" Quax, beim gemeinsamen Fressen oft einen herrischen Laut aus, damit diese Platz machen sollte; zu anderen Zeiten fraßen oder grasten die beiden aber problemlos neben- und miteinander, und gelegentlich zog die eine der anderen sogar einen aufgepickten Wurm aus dem Schnabel – ohne Rücksicht auf die Rangordnung! Kommt es dennoch hin und wieder zum aggressiven Einsatz des Schnabels, so stößt das gehackte oder gebissene Tier einen kurzen Aufschrei aus – eine milde Form des Wehgeschreis, wenn ein Huhn z. B. vom Fuchs gepackt wird.

Einen eher männlich wirkenden Laut ließ Wuschel im Vorfeld und während ihres Brütigseins gelegentlich hören, der dem Warnschrei der Hähne zum Schutz von Glucke und Brut nachempfunden sein mochte und den ich als „Adlerschrei" apostrophiert habe.

Fast mystisch mutet ein sirrender Laut („Girren") an, der durch das Auftauchen eines Feindes oder etwas entfernt Sichtbar-Bedrohliches ausgelöst wird. Meist vom Hahn (oder bei uns von der Alphahenne) ausgehend, nimmt die restliche Schar den zunächst leisen Laut auf, bis er zu einem gemeinsamen, vielstimmigen Sirren anschwillt – ein beinahe unwirkliches, vibrierendes, Gänsehaut erzeugendes Geräusch. Beim Alarm unterscheiden die Hühner übrigens deutlich zwischen Luft- und Bodenfeinden und ihnen unbekannten, verdächtigen Erscheinungen. Oft zu hören ist auch ein kurzer, scharfer Flugfeindwarnruf, den diejenige Henne ausstößt, die als Erste einen „Überflieger" registriert hat. Da die restliche Mannschaft schnellstmöglich reagieren muss, bleibt oft keine Zeit zum genauen Erkennen des „Feindes", sodass auch bei überraschenden Durchflügen von Spatzen oder Amseln gewarnt wird.

Individuelle Kommunikation

Die Bemerkung Baeumers (1964), Laute von Tieren seien (fast) nie bewusst an andere gerichtet, sondern hätten lediglich *„die Bedeutung von Signalen, nach denen sich andere richten können"*, kann ich in dieser verallgemeinernden Form nicht nachvollziehen. Sie mag ja beispielsweise für das Krähen eines Hahns zutreffen, der sein Dominanz- und Reviersignal in die Gegend posaunt, aber: Ist nicht jede Anrede, jede Aufforderung, jede Warnung seitens eines Mitmenschen an mich ebenfalls ein „Signal, nach dem ich mich richten kann" – oder auch nicht? Mir scheint der Übergang zwischen einem bloßen „Signal" und einer in der bewussten Absicht, etwas Bestimmtes mitzuteilen, geäußerten Botschaft ein sehr fließender zu sein. Im Laufe eines Tages gibt es zahllose Situationen, in denen sich ein Huhn mit einem bestimmten Laut ganz gezielt an ein anderes wendet – von der herrischen Aufforderung, gerade diesen Sandbadeplatz zu räumen, bis zum bereits genannten „Vorschlag", wegen Langeweile etwas anderes zu unternehmen. Auch Bella stieß ein lautes Piepen aus, wenn sie ihr einzig verbliebenes Mithuhn Quax zum Mitkommen aufforderte. Diese „Ansprache" ist in den betreffenden Situationen immer wieder zu beobachten, und sie ist jeweils *gezielt* an ein anderes Huhn gerichtet und nicht einfach „ins Blaue hinein" gesprochen.

Unverwechselbare Lautäußerungen

Was mich seit Beginn unserer Hühnerhaltung erstaunt und fasziniert hat (und was wahrscheinlich jedem aufmerksamen Landwirt oder Hühnerhalter geläufig ist), ist die Tatsache, dass neben den tierartbedingten, laut Baeumer (1964) weltweit verbreiteten Lautäußerungen jede einzelne Henne ihre eigene, unverwechselbare Stimme, Stimmlage und Kommunikationsmethode besitzt. Selbst wenn wir unsere Hühner nicht sahen, sondern lediglich durchs Fenster oder die geschlossene Stalltür hindurch hörten, konnten wir eindeutig erkennen, wer gerade „sprach". Dies erfordert selbstredend eine lange und aufmerksame Zeit der Beobachtung, die sich aber durchaus bezahlt macht, wenn man die Persönlichkeitsmerkmale der einzelnen Tiere besser kennenlernen möchte.

So begrüßte uns Bella immer mit einem feinen, hohen Piepston, während Wuschel eher durch ein lautes, blechernes „Gejammer" auf sich aufmerksam machte (was ihr gelegentlich die despektierlichen Ausdrücke „Jubelperser" oder „Jammerlappen" einbrachte). Quax hingegen äußerte sich meist mit einem lang gezogenen, an den Ruf einer Ente erinnernden „Quäääk-quäääk-quäääk". Was ihr aber ihren Namen eingebracht hatte, war ein Laut, der vom tiefen „Quax" bis zum hohen „Pfib" reichte und in für sie aufregenden Situationen (also häufig) ausgestoßen wurde. Obwohl er wie eine Art Nieslaut klang, lag weder ein chronischer Schnupfen noch eine andere Erkrankung der Atmungsorgane vor; der Laut gehörte einfach zum Repertoire dieser Henne und darf nicht pathologisiert werden. Quax ließ außerdem manchmal ein leises „Vor-sich-hin-Meckern" hören; so erstieg sie etwa in den letzten Wintertagen und den ersten wärmenden Strahlen der Märzsonne eine Legekiste im Stall, wo sie unter sanftem Meckern hin und her nestelte. Bellas oben erwähnter „herrischer" Rangordnungslaut erinnerte an einen Jodler, bei dem sie übergangslos von der Brust- in die Kopfstimme wechselte – ebenfalls eine Lautäußerung, die bei keiner anderen unserer Hennen zu hören war. Blacky besaß eine tiefere Altstimme; auch ihr „Goog-goog" konnte in seiner Ausprägung und Tonhöhe mit keinem Laut der anderen Hühner verwechselt werden.

Wir amüsierten uns auch immer über regelrechte „Unterhaltungen" zwischen zwei Hühnern: Wenn Quax zum Beispiel genug vom gemeinsamen Futtern hatte und mit ihrem „Quäääk" zum Aufbruch mahnte, antwortete Bella mit einem Knurren, mit dem sie zeigte, dass sie dazu noch nicht bereit war (etwa: *Halt den Schnabel, ich will noch nicht!"*). Dieses Gespräch konnte durchaus einige Male hin und her fortgesetzt werden, bis die Klügere nachgab oder eine die andere von ihrer Position überzeugt hatte. Auch im Stall geführte Unterhaltungen waren zu belauschen: beim Erwachen und vor dem Verlassen der Hütte, beim abendlichen Betreten derselben oder beim Aushandeln des besten Schlafplatzes. Natürlich gab es auch oft handfeste (besser: schnabelfeste) Auseinandersetzungen, in deren Verlauf verbale Beleidigungen oder Schmerzenslaute zu hören waren. Es kann großen Spaß machen, die „Sprache" der Hühner zu erforschen und – wie beim Gesang von Singvögeln – zu lernen, die Einzelwesen auseinanderzuhalten und in ihrer Individualität – ausgeprägt beim Star mit seinen persönlichen Strophen, mit Flüstern, Klappern – zu würdigen.

FINDET EIN BLINDES HUHN EIN KORN?

Vom Sehen und Hören

Das Sprichwort, dass angeblich auch ein blindes Huhn ein Korn findet, sollte – neben seiner metaphorischen Bedeutung – doch auf seinen Realitätsgehalt untersucht werden. Unterstellen wir, das Huhn wäre vollständig blind und leide nicht nur unter einer Sehschwäche: Wie bitte sollte es mit den ihm zur Verfügung stehenden Sinnesorganen und Möglichkeiten ein Korn finden? Setzen wir außerdem voraus, dass die Körner nicht auf einem Haufen liegen und wir dieses blinde Huhn nicht direkt in die Mitte des Körnerhaufens platzieren, möchte ich wetten, dass das arme Tier über kurz oder lang verhungert.

Geruchs-, Geschmacks- und Tastsinn

Von den fünf (manche sprechen von sechs oder sieben) gängigen physischen Sinnen stehen bei Wild- und Haushühnern zwei im Vordergrund, die besonders gut entwickelt sind: das Sehen und Hören. Manche Autoren sprechen dem Gesichtssinn die Priorität zu, andere dem Gehörsinn. Wie auch immer: Mit diesen beiden erobern Hühner ihre Welt, mit ihrer Hilfe suchen sie zu überleben.

Riechrezeptoren und -nerven sind beim Huhn zwar vorhanden, dennoch ist der Geruchssinn, wie bei allen Vögeln, nicht besonders gut entwickelt. Der evolutionsbedingte Grund: Weder spüren sie ihre tierische oder pflanzliche Nahrung damit auf, noch hilft ihnen das Riechen bei Feinden, die sie bereits auf größere Entfernung erkennen müssen. Allerdings vermögen Hühner ihre Stallgenossen (und damit auch Neuzugänge mit ungewohntem „Stallgeruch") olfaktorisch zu erkennen, wie Forscher nachweisen konnten.

Der Geschmackssinn ist mit Sicherheit vorhanden, wenn auch nur mangelhaft ausgeprägt. Mit den wenigen, in Schnabelhöhle und Gaumen liegenden Geschmacksknospen sind die Tiere immerhin in der Lage, die fünf Geschmacksrichtungen süß, sauer, bitter, salzig und herzhaft zu unterscheiden, wobei leichte Säuerung als angenehm empfunden, Süßes aber nicht unbedingt geschätzt wird. Dies reicht anscheinend aus, um bestimmte Nahrungsbestandteile nach dem Probeessen zu verweigern; deshalb pickten unsere Hennen klein geschnittene Stückchen von bestimmten Käsearten gerne auf, während sie andere ablehnten. Auch Regenwürmer schienen nicht zu allen Jahreszeiten gleich gut zu schmecken; diejenigen, die beim Umgraben im Garten an warmen Wintertagen an die Oberfläche kamen, wurden nicht beachtet. Futter wird ohnehin eher nach optischen und taktilen Gesichtspunkten, also nach Größe, Form, Struktur, Härte oder Beschaffenheit der Oberfläche beurteilt; deswegen spielt auch der Tastsinn bei der Nahrungsauswahl und -aufnahme eine gewisse Rolle. Die hierfür notwendigen Tastkörperchen befinden sich an der Spitze des (unkupierten!) Schnabels, an Zunge und Rachen. Hühner sind außerdem mit Vibrationsrezeptoren ausgestattet, mit denen sie Schwingungen aus der Luft oder am Boden registrieren.

Augen wie ein Luchs

Hühner – vom Schriftsteller Georg Britting einmal als *„glasäugiges Krallenvieh"* bezeichnet – sind, wie alle Vögel, in erster Linie Sehtiere. Dies kann man deutlich in den Bereichen der Nahrungssuche und der ständigen Beobachtung der Umgebung verfolgen, wo ihnen die schnellen, ruckartigen Kopfbewegungen helfen, Dinge in ihrer Umgebung genau zu orten und zu fixieren. Außerdem sind ihr gutes Sehvermögen und die Unterscheidung von Farben bzw. Helligkeiten (Rotgelb erscheint dem Huhn am hellsten) beim Erkennen von Artgenossen und deren subjektiven Merkmalen, z. B. der Größe und Form des Kammes, wichtig.

Beim täglichen Durchstreifen der Wiese, bei dem unsere Hennen gelernt hatten, die verschiedenen Pflanzen und Kräuter zu unterscheiden, suchten sie gezielt diejenigen auf, die ihnen schmeckten und/oder die sie für ihr Wohlbefinden benötigten, wie Löwenzahn, Klee, Brennnessel oder Grassamen. Dabei waren sie absolut in der Lage, in einem dicht mit verschiedenartigen Pflanzen bewachsenen Wiesenstück oder im Halbdunkel unter der Hecke die bevorzugten Gewächse mithilfe ihrer scharfen Augen und ihrer hervorragenden Nahsicht aufzufinden. Faszinierend für uns Beobachter war es immer, wenn sie auch noch die kleinsten Samen, die im Gras lagen oder aus der Erde gescharrt wurden, aufpickten; wir Menschen haben dort nichts erblicken können, weil unsere Augen nicht dafür eingerichtet sind, wir die falsche Brille auf der Nase haben oder weil wir durch die Überreizung mit sonstigen Eindrücken mental nicht auf derartig kleine Objekte eingestellt sind.

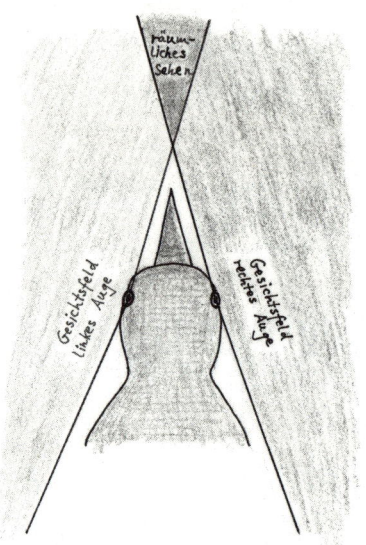

Aufspüren von Krabbeltierchen

Auch bei der Suche nach tierischer Nahrung leistet den Hühnern ihr scharfes Sehvermögen äußerst gute Dienste. Ob an der Hauswand krabbelnde Spinnen, zwischen Grashalmen kletternde Käfer, an einem Blatt hängende Raupen oder durch die Luft schwirrende Fliegen – nichts entgeht ihren Augen, weder in der Nähe noch auf etwas größere Entfernung. Dass ein Huhn erst ab vier Zentimetern Entfernung mit beiden Augen scharf sieht, zeigt sich daran, dass es vor dem treffsicheren Aufpicken eines Korns dieses zuerst fixiert, indem es den Kopf zurücknimmt oder wendet. Das beidäugig-räumliche Sehen ist jedoch auf ein Gesichtsfeld von 30 Grad beschränkt, weshalb die Henne oft den Kopf dreht und das Gewünschte jeweils mit einem Auge fixiert.

Gefahr aus der Luft

Wie bereits angesprochen, ist es für jede Art von Geflügel als potenzielle Beutetiere überlebenswichtig, ständig die Umgebung in allen drei Dimensionen zu beobachten und nach Bedrohlichem abzusuchen. Bis zu einer Entfernung von 50 Metern sollen Hühner angeblich scharf sehen können; diese ist normalerweise (und insbesondere in der Waldumgebung wilder Artgenossen) ausreichend, um mögliche Feinde schnell und klar zu erkennen und darauf durch Flucht oder Verstecken reagieren zu können. Die Angabe impliziert, dass Objekte in einem größeren Abstand als 50 Meter zunehmend unscharf auf der Netzhaut erscheinen; ein am Himmel in großer Höhe kreisender Bussard wird also nur noch undeutlich wahrgenommen und – wie Hubschrauber, Ballone, Drachenflieger oder sogar Düsenflugzeuge, die trotz der großen Flughöhe noch beachtet werden – nicht als direkte Bedrohung empfunden.

Zeigt sich etwas Verdächtiges am Himmel, legt das Huhn den Kopf schief und fixiert das Objekt mit nur einem Auge. Ich habe mir oft Gedanken darüber gemacht, was bei dieser Gelegenheit das andere, zum Erdboden weisende Auge im Blick hat. Bedingt durch die seitliche Anordnung der Augen, mit der Folge, dass räumliches Sehvermögen und Tiefenwahrnehmung ungenügend ausgeprägt sind, muss ein zweites Bild wahrgenommen werden, das aber wegen seiner momentanen Bedeutungslosigkeit vielleicht wie bei schielenden Menschen unterdrückt wird. Wenn nun aber das zweite Auge einen Wurm krabbeln sähe?

Erstaunlich finde ich auch die Fähigkeit der Hühner, ihren aus 14 kleinen, flexiblen Wirbeln bestehenden Hals – samt dem in Ruhestellung ins Gefieder eingezogenen Kopf – teleskopartig auszufahren, wenn etwas ihre Aufmerksamkeit erregt. Auf diese Weise werden wertvolle Zentimeter an Höhe gewonnen, die ihren Vorfahren im Grasland einen besseren Überblick ermöglichen konnten. Der Kopf kann vertikal und horizontal um 180 Grad gedreht werden; dies sorgt zusammen mit den für eine Beinahe-Rundumsicht (300 Grad) angeordneten Augen für optimale Sichtmöglichkeiten.

Ob Blacky eitel war, eine Nebenbuhlerin vermutete oder Heimweh hatte, vermag ich nicht zu beurteilen: Jedenfalls erblickte sie von außen im Kellerfenster ihr Spiegelbild – das Abbild einer schwarzen Henne –, vor dem sie auf und ab schritt, sich schließlich näherte und mit dem Schnabel an die Scheibe klopfte. Diese Berührung schien aber eher vorsichtig als aggressiv zu sein; möglicherweise war eine verschwommene, längst vergessene Erinnerung an eine Schar schwarzer Genossinnen auf ihrem früheren Hühnerhof aufgetaucht.

Hören wie ein Hund

Dass auch Vögel Ohren haben, wird gern übersehen, weil sie nicht wie Säugetiere über deutlich sichtbare Ohrmuscheln und Ohrlöcher verfügen. Es existiert lediglich ein Gehörgang, dessen Öffnung am Rand durch Federchen geschützt ist.

Warum das Ohr ein ebenfalls wichtiges Sinnesorgan für Haushühner darstellt, lässt sich aus der Lebensweise wilder Artgenossen ableiten. Das relativ kleine Bankivahuhn ist ein typisches Waldhuhn, das sich tagsüber im Dschungelwald mit dichtem Bodenbewuchs verbirgt. Im mehr oder weniger dicht-dämmerigen Wald, der die optischen Möglichkeiten seiner Bewohner stark einschränkt, sind diese deshalb auf ihr Gehör angewiesen, das ihnen jedes Rascheln und eine damit eventuell verbundene Bedrohung anzeigt. Außerdem verständigen sich die Tiere einer Art untereinander durch verschiedenartige Laute, die ebenfalls über das feine Gehör aufgenommen und verarbeitet werden.

Das feine Gehör unserer Hennen zeigte sich in verschiedenen Situationen. Zum einen bemerkten sie sich nähernde Tiere, die sich durch Rascheln, Flügelschlagen oder ausgestoßene Laute bemerkbar machten, rasch und teils schon um die Hausecke; außerdem hörten die Hühner, wenn sich ein verlorener Mehlwurm im Stroh bewegte oder ein Käfer durchs Gras krabbelte. Sie nahmen Warnlaute aus der eigenen Schar oder seitens anderer Vögel auf; sie hätten bei befruchteten Eiern das feine Piepsen des schlüpfreifen Kükens durch die Schale hindurch hören können; sie registrierten das Geräusch des Schlüssels, der uns die Tür zum Garten und damit zum Hühnerstall öffnete, und reagierten durch entsprechende Begrüßungslaute darauf, auch wenn sie uns noch gar nicht gesehen hatten. Amseln lauschen mit schräg gelegtem Kopf, ob sich ein Regenwurm im Boden bewegt, und zerren ihn dann heraus; Spechte hören die Bewegungen von Larven unter der Rinde eines Baumes. Ob alle Vögel – und damit auch Hühner – zu solchen Gehörleistungen fähig sind, weiß ich nicht; ich konnte ein derartiges Verhalten nie beobachten.

Je feiner ein Gehör, umso geräuschempfindlicher ist es. Kein Wunder, dass unsere Hühner auf allzu laute Töne und lärmende Geräusche, hervorgerufen durch Autohupen, Händeklatschen, Feuerwerkskörper oder Maschinen, schreckhaft und verärgert reagierten. So ist es gelegentlich vorgekommen, dass ich von ihnen regelrecht „geschimpft" wurde (mit dem Ansatz eines Gackerns), wenn ich Holz hackte oder mit dem Vorschlaghammer einen Pfosten in den Boden rammte. Interpretiert habe ich dies als Bitte, endlich mit dem unerträglichen, die Ohren beleidigenden Lärm aufzuhören.

Ängstlichkeit und Schreckhaftigkeit

Haushühner sind wie ihre wilden Vorfahren vorsichtige Wesen. Da sie zwar kleinere Tiere wie Insekten oder Spinnen fressen, selbst aber als Beutetiere für vierbeinige Beutegreifer (der moderne und wertfreie Ausdruck für Raubtiere) oder Greifvögel herhalten müssen, befinden sie sich irgendwo in der Mitte der Nahrungsketten und -netze. Der Mensch, der das Huhn domestiziert hat, ist deshalb für seinen

Schutz verantwortlich; darauf weist der Fuchs den Kleinen Prinzen hin: *„Du bist zeitlebens für das verantwortlich, was du dir vertraut gemacht hast."*[26] Durch Zäune, Ställe oder Netze über den Freigehegen sorgt der Mensch dafür, dass sich Marder, Habicht oder gerade der schlaue Fuchs nach einer anderen Nahrung umsehen müssen.

Es ist Hühnern angeboren, stets vorsichtig und aufmerksam ihre Umgebung auf eventuelle Bedrohungen oder Fressfeinde zu taxieren. Zu diesem Zweck sind sie, wie alle potenziellen Beutetiere, mit seitlich angebrachten Augen ausgestattet, die ihnen eine Beinahe-Rundumsicht ermöglichen (siehe S. 150). Wenn Quax plötzlich in ihrer Tätigkeit erstarrte, den Kopf schief legte und mit einem Auge den Himmel fixierte, hatte sie ein Flugobjekt entdeckt, dessen Größe die einer vorüberfliegenden Amsel überschritt. Dabei konnte es sich um ein Flugzeug oder einen Ballon handeln, aber auch einen in großer Höhe kreisenden Bussard oder Milan. Nach kurzer Beobachtung und Einschätzung der Situation graste man dann entweder friedlich und beruhigt weiter, oder man zog es doch vor, sich unter dem nächsten Busch in Sicherheit zu bringen. Als Erbe ihrer Vorfahren halten sich Haushühner, vor allem wegen möglicher Bedrohungen aus der Luft, nicht gern auf großen Freiflächen auf, sondern suchen wenn möglich die Nähe von Sträuchern, Bäumen oder sonstigen Unterschlupfmöglichkeiten. Ein Garten mit einer abwechslungsreichen Struktur, einer rund ums Grundstück verlaufenden Hecke, vielen Solitärsträuchern sowie großen und kleinen Bäumen ist deshalb in idealer Weise geeignet, Hühnern einen weitestgehenden Schutz beim Aufenthalt im Freien zu bieten.

Warum das „Krah-krah" einer einzelnen Krähe, viel mehr noch das vielstimmige Krächzen eines ganzen Schwarmes unsere Hennen zur Salzsäule erstarren ließ, vermag ich nicht zu beantworten. Selbst wenn diese Rabenvögel, die meines Wissens keine Gefahr für lebendige Tiere in Hühnergröße darstellen, nicht sichtbar waren, schien doch allein ihr Geschrei etwas Bedrohliches zu haben. Und wenn sie alleine oder in Scharen den Garten selbst in großer Höhe überflogen, wurden sie wie Greifvögel betrachtet: Das erste Huhn, das den „Feind" entdeckt hatte, stieß den typischen kurzen Warnlaut aus, worauf alle den Himmel absuchten oder sich in Sicherheit brachten.

Der harte „Tack-tack"-Warnlaut einer Amsel rief ebenfalls erhöhte Aufmerksamkeit beim Geflügel hervor: Man kann ja nie wissen, was sich da wieder an Katzen oder sonstigem Getier herumtreibt. Insofern profitieren Hühner wie Singvögel (auch Meisen, Kleiber und Finken stoßen Warnlaute aus) symbiotisch voneinander: Die Kleineren dürfen beim ausgestreuten Körnerfutter mitschmausen, im Gegenzug warnen sie von hoher Warte aus die gesamte Umgebung samt ihren großen Verwandten am Boden vor drohenden Gefahren (zu denen aus ihrer Sicht auch wir Menschen als durch „ihren" Garten Streunende zählen)!

Reaktion auf Gefahr

Wild lebende Tiere mit ihren hochempfindlichen Sinnen reagieren instinktiv und unmittelbar auf jeden Reiz, der Gefahr signalisiert, mit der Bereitschaft zum Fliehen, Verstecken oder Angreifen. Trotz der langen Geschichte der Domestizierung steckt dieses Verhalten auch noch in unseren Haustieren. So müssen Hühner, wie alle zu den Beutetieren zählenden Arten, stets um ihr Leben besorgt sein. Angeboren ist deshalb die Vorsicht vor allen Tieren, die von ihrer Größe und Gefährlichkeit her mögliche Fressfeinde sein könnten. Darüber hinaus reagiert das Geflügel aber auch in misstrauischer, vorsichtig ängstlicher, ja manchmal panischer Weise auf unbekannte Objekte, die von ihrer Gestalt her keinesfalls der Palette von „Fressfeinden" zuzuordnen sind. Man ist, um sich vor bösen Überraschungen zu schützen, auf der Hut vor Dingen, die man nie gesehen hat, die man nicht kennt, die nicht hierhergehören. Auch auf unvertraute Situationen reagieren Hühner, wie andere Tiere, mit Misstrauen, dem Versuch, sich ihnen zu entziehen, oder im äußersten Fall mit Flucht. Dieses ängstliche Verhalten zeigen nach Smiths (1995) Beobachtung auch Pferde, wenn sie aufgrund ihres begrenzten Sehvermögens nahe Gegenstände oder Bewegungen nur unscharf erkennen können; sie bleiben dann stehen und bäumen sich auf. Die autistische Tierpsychologin Temple Grandin berichtet dasselbe von Kühen, die nach ihrer Erkenntnis *„wie autistische Savants"*[27] extrem detailorientiert sind und selbst kleinste Veränderungen registrieren, die dem generalisierenden Blick der meisten „normalen" Menschen entgehen. Sie nähmen, so schreibt Werner[27] weiter, *„die Welt andauernd mit der ganzen Wucht ihres Detailreichtums wahr. Sie registrieren jede noch so geringfügige Einzelheit in ihrer Umgebung und stufen sie, wenn sie ihnen fremd ist, zunächst einmal als potentielle Gefahr ein."*

Diese Aussage lässt sich ohne Weiteres auf Hühner übertragen. So wie sich Kühe vor einer achtlos über den Zaun geworfenen Regenjacke fürchten, ängstigten sich unsere Hennen vor jedem neuen Gegenstand, jeder neuen Situation, mit der sie konfrontiert wurden. Es hat am Anfang Wochen gedauert, bis sich die Tiere mit unserer lockenden Hilfe getrauten, den immer halbdunklen und „unheimlichen" Durchgang zwischen Haus und Stall, und damit den großen unteren Teil des Gartens, zu betreten. Auch als ihnen nach jahrelanger Gewöhnung diese enge Gasse vertraut schien, scheuten sie doch zurück, sobald dort von uns versehentlich oder absichtlich ein neues Objekt platziert worden war: eine Leiter, die schwarze Regentonne, ein größerer Stein. Selbst an einem hölzernen Kunstigel in Lebensgröße trauten sie sich nicht vorbei. Das im Stall aufgehängte und mit Grünfutter gefüllte Netz hat sie veranlasst, ihr Heim so lange nicht zu betreten, bis das verdächtige Objekt wieder entfernt war.

Mit starker Angst reagierten unsere Hühner, die ein sehr gutes Hörvermögen besaßen, auf plötzliche laute Geräusche. Bei jedem Knall, bei Schneelawinen, die mit Getöse vom Dach rutschten (und dazu natürlich eine Gefahr für Leib und Leben darstellten), beim lauten Bellen eines nahen Hundes zuckten sie zusammen oder flüchteten zum nächsten Versteck. Zu den Lauten, die sie erschreckten, gehörte auch ein unvorhergesehenes Niesen unsererseits, das manchmal mit empörtem Gegacker beantwortet wurde. Derartige Situationen dürften ihren ohnehin hohen Puls von 240 Schlägen pro Minute (zum Vergleich: Pute 90, Mensch 72) in die Höhe schnellen lassen. Das stundenlange Abschießen von Feuerwerks- und Knallkörpern in der Silvesternacht muss für sie, wie für alle Tiere, eine wahre Tortur gewesen sein, und nach manchen derartigen Nächten haben wir ihnen angesehen, wie „geschafft" und übernächtigt sie waren.

An anhaltend laute Geräusche dagegen konnten sich die Hennen gewöhnen. So hielten sie sich im Sommerhalbjahr vormittags gern am Grenzzaun zur viel befahrenen Straße mit dem davor befindlichen Gehweg auf, obwohl dort ein ständiger Verkehrsstrom von Fußgängern, Radfahrern, Pkws, Lkws und Bussen zu verzeichnen ist. Selbst schwere Lastzüge, die in einer Entfernung von drei Metern über Unebenheiten der Straße rumpelten, brachten sie nicht wesentlich aus der Ruhe. Dachdeckerarbeiten auf dem Gerüst haben sie nach einigen Tagen ebenso akzeptiert wie den Rasenmäher, der – zu Anfang noch als gefährliches Horrorobjekt eingestuft – mit der Zeit in einer Entfernung von einem Meter vorbeigeschoben werden durfte, ohne eine Fluchtreaktion auszulösen.

Hühner sind zwar lernfähig, bleiben aber schreckhaft – und das ist für sie gut so. Denn so können sie, je nach Lage, Gebrauch machen von ihren *„beiden Fähigkeiten: gleichgültig und schreckhaft zu sein"*[28].

INSTINKTHAFTES UND INTELLIGENTES VERHALTEN

„Du dummes Huhn!"

Unter dem „Instinkt" eines Tieres versteht die in der zweiten Hälfte des 20. Jahrhunderts entstandene Verhaltensphysiologie, die einen Teilbereich der Biologie bzw. Zoologie abdeckt, nach Baeumers (1964) Definition *„die Gesamtheit der angeborenen Eigenschaften seines Nervensystems, durch die es sich ohne Einsicht und Lernen in der natürlichen Umwelt behaupten und seine Art erhalten kann"*. Instinkte sind also über Tausende oder Millionen von Jahren hinweg in der Ahnenreihe ausgebildet und weitervererbt worden. Diese Definition lässt sich ohne Weiteres auch auf den Menschen anwenden, der wie alle Mitgeschöpfe über Instinkte verfügt.

Was aber ist nun unter „Intelligenz" zu verstehen? Für den Begriff lassen sich sehr unterschiedliche Definitionen finden, etwa: *„Komplex geistiger Fähigkeiten, oft eingeschränkt auf das Vermögen zur Lösung konkreter oder abstrakter Probleme und zur Bewältigung von in der Erfahrung neu auftretenden Anforderungen und Situationen durch das theoretische Begreifen von Beziehungen und Sinnzusammenhängen und die Verarbeitung und praktische Umsetzung des Erfassten."*[29] Hier kommt, wie bei den meisten Definitionen, das wesentliche Moment der Intelligenz zum Ausdruck, nämlich die Fähigkeit,

› sich in neuen Situationen aufgrund von Einsichten zurechtzufinden,
› Aufgaben mithilfe des Denkens unter Erfassung von Beziehungen zu lösen.

Da wir anthropozentrisch denken, ist eine derartige Definition zunächst einmal auf den Menschen beschränkt. Bei diesem wird üblicherweise der Grad der Intelligenz mithilfe von Intelligenztests gemessen, was eine weitere, das Problem ironisierende Definition kreiert hat: Intelligenz sei das, was der jeweilige Intelligenztest misst.

Instinktmaschinen oder intelligente Wesen?

Ist der Intelligenzbegriff somit bereits beim Menschen umstritten – inzwischen sind auch noch differenzierende Unterteilungen auf dem Markt wie „operative Intelligenz", „kognitive Intelligenz", „emotionale Intelligenz", „spirituelle Intelligenz" usw. –, so eskaliert der Streit gern, wenn es um die Frage geht, ob und inwieweit auch nicht-menschliche Tiere intelligent sein könnten oder ob sie, um mit Descartes zu spre-

Wuschel, ein Loblied auf den Garten singend – oder doch eher auf der Suche nach dem Rest der Schar?

Ein anscheinend unlösbares Problem für eine Henne: „Wie komme ich an die Mehl-würmer ran?" Keine der Hennen kam auf die Idee, den Behälter zu kippen.

Die „unheimliche" hohle Gasse zwischen Haus und Hütte.

chen, reine „*Autòmata*" (Maschinen) seien. Das Hauptproblem hierbei dürfte sein, dass – aufgrund des zu Anfang beschriebenen Denkens, das in unserem westlichen Kulturkreis den Menschen in den Mittelpunkt stellt – eine etwaige tierische Intelligenz an menschlichen Maßstäben gemessen wird. Dies bringt etwa Joachim Ringelnatz in seinem Gedicht „Ausflug" zum Ausdruck: „… *Scheu dumme – das heißt nach unsrer Weltanschauung – / Scheu dumme Hühner flüchteten nervös …*"[30] Je mehr die geistigen Fähigkeiten eines Tieres denjenigen des Menschen angenähert sind, desto „intelligenter" wird es demnach von uns eingestuft; sind wenige oder keine derartigen Fähigkeiten erkennbar, gilt das betreffende Tier als „unintelligent" oder gar als „dumm"[31]. Als „dümmlich", „doof" oder „naiv" stuft unsere Ellenbogengesellschaft außerdem gern jemanden ein, der von sanfter Wesensart oder passiver Weisheit ist, der sich nicht zu wehren versteht oder dem dies nicht liegt; hierzu sind ohne Weiteres auch eher sanftmütige Tierarten wie Esel oder Hühner zu zählen, die sich Unglaubliches gefallen lassen, ohne dagegen aufzubegehren. Bei der ganzen Intelligenzdiskussion um Tiere berücksichtigt der beurteilende Mensch zu wenig, dass allen Lebewesen durch ihren Körper physische Grenzen gesetzt sind, innerhalb derer sie ihre arteigene Intelligenz zum Ausdruck bringen können. Ein Regenwurm reagiert auf neue Situationen eben anders als ein Käfer, ein Kaninchen, ein Wolf – oder ein Huhn, aber sie alle sind nicht unbedingt gut darin, Probleme zu lösen, die der Mensch als lösbar einstuft. Smith (1995) schlägt deshalb vor, um das Verhalten eines Tieres angemessen beurteilen und seine Intelligenz mit der menschlichen vergleichen zu können, sich in das Tier hineinzuversetzen und „*zu überlegen, wie wir uns in diesem Körper verhalten würden*". Das „*größte Geschenk, das wir Menschen uns selbst machen können*", ist auch für Smiths Kollegin Gurney (2005), „*den Tieren zuzuhören, und nicht davon auszugehen, dass sie auf den Rahmen beschränkt sind, den man uns beigebracht hat*".

Es gibt genügend Beispiele dafür, dass die verschiedensten Tierarten fähig sind, aus Erfahrung zu lernen oder zu verstehen, sich auf neue Situationen einzustellen, Wissen zu erwerben und zu behalten. Speziell ihre Lernfähigkeit, die (wie beim Menschen) beim einen Individuum ausgeprägter sein kann als bei einem anderen, versetzt uns immer wieder in Erstaunen. Boone (1990) konstatiert deshalb beim ersten Zusammentreffen mit Strongheart, der es als Filmhund in Hollywood zu großem Ansehen brachte: *„Zum ersten Mal begriff ich, wie dumm ein Mensch in der Gegenwart eines intelligenten Tieres sein kann."* Nachdem er ihn besser kennengelernt hatte und mit ihm eine lang andauernde telepathische Verbindung eingegangen war, attestierte er ihm Eigeninitiative, unabhängiges Denken, klare Argumentation, gute Urteilsfähigkeit, Voraussicht, Weisheit sowie *„gesunden Menschenverstand".* Das ist mehr, als man manchem Menschen zuschreiben kann.

Beispiele für intelligentes Verhalten

Gemeinhin rechnet der Mensch Hühner ja zu den intelligenzmäßig minderwertigen, wenn nicht gar „dummen" Tieren mit seltsamen Eigenschaften, was sich in Redensarten wie „dummes Huhn", „kopflos wie ein Huhn" oder „Da lachen ja die Hühner" (gemeint ist: Da können ja sogar so dumme Tiere wie Hühner darüber lachen!) ausdrückt. Lange Zeit wurde von der Wissenschaft der Fehler gemacht, Vögeln aufgrund ihres eher schwach ausgeprägten Großhirns (im Gegensatz zum relativ großen Kleinhirn, dem man bis dato reine Koordinierungsaufgaben bei Bewegungsabläufen zusprach) ein nur geringes Lernvermögen zuzugestehen. Von dieser falschen, allein auf dem Vergleich von Größenverhältnissen basierenden Interpretation ist man durch neuere Forschungen abgerückt, die belegen, dass bei

allen Tieren, und damit auch beim Menschen, Intelligenz nicht ausschließlich im Großhirn beheimatet ist, sondern durch das Zusam-
menspiel von Groß- und Kleinhirn zustande kommt. Damit könnten
auch Hühner „intelligenter" sein, als man ihnen dies auf der Basis der
Großhirngröße zugetraut hat.

Jeder Hühnerhalter, der mit der Behauptung konfrontiert wird,
diese Art von Tieren sei „dumm", wird eine solche entrüstet von sich
weisen und Gegenbeispiele aus eigener Erfahrung aufzählen. Derartige „Beweise" für Intelligenz reichen dann von der Feststellung: „Meine Hühner fangen erst an zu fressen, wenn Körner im Trog sind", bis
zur Beobachtung „raffinierten" Verhaltens, wenn Hennen ein Loch
im Zaun gefunden und sich auf diese Weise eine Erweiterung ihres
Horizonts erschlossen haben.

Ich möchte anhand einiger Beispielsituationen aufzeigen, dass die
Kriterien der oben genannten Definition meines Erachtens zumindest teilweise auch bei Hühnern zutreffen.

Sich in neuen Situationen zurechtfinden

Nachdem wir unsere Hühner gekauft und in ihren neuen Stall um-
gesiedelt hatten, waren sie innerhalb weniger Stunden und Tage in
der Lage, sich sowohl in den verschiedenen Stallbereichen wie auch
im davor liegenden Gartenareal zurechtzufinden. Nachdem sie ihre
Ängstlichkeit überwunden hatten, eroberten sie sich nach und nach
auch den größeren Teil des Gartens und vermochten sich dabei ohne
Weiteres auch im unübersichtlichen oder schwer zugänglichen Gelände gut zu orientieren. Keine der Hennen hat sich meines Wissens
„verirrt" oder den Weg zurück in den Stall nicht mehr gefunden.
Auch das einmalige Betreten des Gartenvorplatzes stellte eine durchaus neue Situation für die Tiere dar, die sie jedoch bestens bewältigt
haben.

Aufgaben mithilfe des Denkens lösen

Meine Mutter hat oft von ihrer Hühnerschar samt Hahn erzählt, die sie vor rund 60 Jahren im Garten der Lehrerwohnung hielt und die Zugang zum Pausenhof der Schule hatte. Der Hahn beschlich Schülerinnen und Schüler, die Vesperbrote in der Hand hielten, sprang an ihnen hoch und pickte nach dem Brot. Die so Attackierten erschraken und ließen manchmal ihre Mahlzeit fallen. Der kluge Hahn lockte dann seine Hennenschar und tat sich, zusammen mit ihnen, an den am Boden liegenden Leckerbissen gütlich.

Derselbe Hahn beobachtete, dass das Türchen zum Nachbargarten nur mit einem locker eingehängten Draht gesichert war. Er sprang, wenn niemand in der Nähe war, so kräftig gegen die Tür, dass der Draht herausrutschte und so der Weg zum Salat- und Blumenparadies frei war. Leider kostete ihn dieses zweifelsfrei als intelligent zu bezeichnende Verhalten das Leben: Der kriegsversehrte Gartenbesitzer erwischte den Übeltäter in flagranti, schleuderte seinen Stock und erwischte ihn derart exakt, dass der arme Hahn mit gebrochenem Rückgrat liegen blieb.

Baeumer (1964) berichtet von einer Henne, die aufgrund ihres guten Flugvermögens öfter den Garten des Nachbarn besuchte. Als dort eines Tages ein Gartenarbeiter tätig war, der sie scheuchte und jagte, flüchtete sie voller Angst, *„verpasste dabei die Stelle, wo sie immer über den Zaun flog, und geriet hinter die Garage, die sie nun vom heimatlichen Hof trennte. Während der folgenden Viertelstunde wollte sie wohl zehnmal hinter der Garage hervorkommen, wich aber immer wieder zurück, wenn sie den gefürchteten Mann erblickte. Dann wurde sie ruhiger, und plötzlich flog sie zweieinhalb Meter hoch auf die Garage und lief über deren Dach heimwärts."* Dies muss als durchaus erstaunliches Verhalten anerkannt werden, da Hühner normalerweise immer nach dem direkten Weg suchen.

Auch in den Fabeln, in denen ja Tiere stellvertretend für den Menschen agieren, werden gelegentlich Hühner beispielhaft für ein schlaues, der Situation angepasstes Verhalten herangezogen. Erinnert sei an „Der Hahn und der Fuchs": Der (ebenfalls schlaue) Fuchs bietet dem auf einem Ast sitzenden Hahn scheinbar den Friedensschluss an und bittet ihn herabzusteigen, *„dass wir den Bruderkuss uns geben".* Der reagiert prompt mit der Behauptung, zwei Hunde nahten sich *„zu gleichem Zwecke",* worauf sich der Fuchs schleunigst verabschiedet. Der Hahn *„aber lachte höchst vergnügt: / 's macht doppelt Spaß, wenn den Betrüger man betrügt"*[32].

Lernen und im Gedächtnis behalten

Dass Hühner lernfähig sind und Gelerntes auch gut behalten können, ist unbestritten; selbst Baeumer (1964) attestiert ihnen ein *„relativ gutes Gedächtnis"* (wobei er sich mit dem Wort „relativ" sofort wieder auf einen anthropozentrischen Standpunkt bzw. den Vergleich mit anderen Tierarten zurückzieht).

Was haben unsere Hennen nicht alles gelernt in diesen fünf Jahren: angefangen von einfachen Dingen wie dem Standort des Futtertroges oder des Wassernapfes über die Genießbarkeit ihnen bisher unbekannter Wildpflanzen bis zur (Un-)Gefährlichkeit der einzelnen Nachbarkatzen! Sie haben gelernt, den fließenden Autoverkehr zu ignorieren; sie erkannten sofort und von Weitem, wenn einer von uns mit dem Mehlwurmglas in der Hand erschien; sie waren sehr wohl in der Lage, vertraute Menschen und Fremde, denen gegenüber sie reserviert und misstrauisch blieben, auseinanderzuhalten. So haben Lilo und Resi, nachdem wir sie verschenkt hatten, uns in ihrem neuen Zuhause noch einige Zeit wiedererkannt und begrüßt, bevor sie dazu übergingen, uns geflissentlich zu übersehen. Die Hühner haben gelernt, wohin sie bei plötzlich einsetzendem Regen flüchten konnten; sie wussten, welche Beeren ihnen schmecken und welche nicht.

Beim Anblick einer Wanze erinnerten sie sich an deren schlechten Geschmack; normale Ameisen wurden verschmäht, geflügelte derselben Art aus welchen Gründen auch immer gejagt und verspeist (und sie wussten, aus welchen Bodenlöchern diese schwärmen). Sie haben gelernt, wo sie ihre Eier ablegen konnten (auch im Freien, wo sie sich an geeignete Stellen erinnerten); sie haben gelernt, eine Verbindung herzustellen zwischen unserem nachmittäglichen Aufenthalt auf der Terrasse und den regelmäßig dabei abfallenden Leckerbissen.

Unbestreitbare Alltagsintelligenz

Ich könnte noch lange weitermachen, all die von unseren Hühnern gelernten Dinge aufzuzählen. Wenn ich mir dagegen die Frage stelle, was sie nicht gelernt haben, muss ich lange überlegen und komme zu dem Ergebnis, dass bei derartigen Anforderungen nicht eine mangelnde Intelligenz im Wege stand, sondern ihre physische Begrenzung und ein wohl übermächtiger Instinkt, der ihnen zu Vorsicht und Misstrauen riet. Unsere Hühner haben beispielsweise nicht gelernt: einen Brief zu schreiben, zu singen wie eine Amsel, aus dem Stand fünf Meter hoch zu springen, an der Wand hochzuklettern, uns auf die Schulter zu fliegen.

Fazit: *Wir dürfen nicht von ihnen erwarten, was sie nicht leisten können oder wollen!*

Ihnen deshalb eine mangelnde Intelligenz zu bescheinigen, ist nicht gerechtfertigt: Hühner sind und bleiben intelligente Wesen, ob wir das wahrhaben wollen oder nicht. Allerdings ist ihre Intelligenz von einer anderen Art und beschränkt sich weitgehend auf den Alltag, auf Dinge und Abläufe wie Nahrungssuche, Fortpflanzung oder Schutzverhalten, die mit ihrem natürlichen Verhalten und Instinkt, ihren Bedürfnissen und Vorstellungen in Zusammenhang stehen.

Fragen, die über diese Alltagsintelligenz hinausgehen, überfordern sie oder erfordern längere Lernprozesse, genau wie bei uns Menschen: Ich z. B. würde mich unfähig fühlen, aus dem Stand oder überhaupt Probleme der höheren Mathematik, der Kosmologie, der Motorentechnik oder des Börsenhandels zu diskutieren oder zu lösen – alles Themen, die sich meiner „normalen" Alltagsintelligenz entziehen. Umso erstaunlicher ist die Tatsache, dass sich Adams' (2012) Hennen auch zu nicht alltäglichen und beinahe abstrakten Fragen geäußert haben, die Weisheit voraussetzen und nicht unbedingt Intelligenz in einer Form, die durch menschengemachte Tests zu überprüfen wäre.

Luggel, der „Einstein unter den Hühnern"

Quasi als Zusammenfassung des Gesagten möchte ich den Lesern die unglaubliche Geschichte der Henne Luggel in Erinnerung rufen, die 1995 in einer ARD-Talkshow („Der 7. Sinn der Tiere") vorgestellt, filmisch in den „Tagesschau"-Nachrichten (22.7.1992) dokumentiert und so nicht nur bundesweit verbreitet wurde, sondern sogar bis nach Japan und in die USA schwappte (Tipp: Geben Sie im Internet die Begriffe „Erwin Fink" und „Luggel" ein – Sie werden staunen). Sie ist wie keine andere geeignet, die Vorurteile vom „dummen Huhn" zu widerlegen.

Der im schwäbischen Albdorf Urspring ansässige Lebensmittelhändler Erwin Fink hatte diese Henne, die zum benachbarten Bauernhof gehörte, vor dem Ertrinken im nahen Quelltopf gerettet, per Mund-zu-Mund-Beatmung wieder ins Leben geholt und zum Besitzer zurückgebracht. In der Folge erkletterte das Huhn, das den Namen Luggel erhielt, täglich den vier Meter hohen Zaun zwischen den Grundstücken, um in den Abfalleimer vor dem Ladengeschäft ein Ei zu legen; nach getaner Arbeit kehrte es auf demselben Weg zu seiner

Hühnerschar zurück. Dies praktizierte die Henne nicht nur im Jahr des Beinaheertrinkens von August bis November, sondern auch nach der jeweils viermonatigen Winterpause im Stall erneut die nächsten beiden Jahre über. Nachdem sie aufgrund einer Verletzung nicht mehr legen konnte, setzte sie sich weiterhin täglich pro forma in den Abfallkübel. Herr Fink hat Luggel, nachdem sie an Krebs erkrankte, zu sich genommen und mehrere Male in der Klinik operieren lassen, bis sie im Alter von sieben Jahren starb. Es ist wohl kaum übertrieben, ihr den Ehrentitel *„Einstein unter den Hühnern"* zuzugestehen, wie es Fink im Verein mit Tierforschern getan hat: Die Henne hat physisch, gedanklich und emotional unglaubliche Leistungen vollbracht, vom täglichen Überwinden des hohen Zauns und der Wahl eines neuen Legeplatzes über die Fähigkeit des Erinnerns nach Monaten bis zur eindeutigen Demonstration von Dankbarkeit für die Lebensrettung. Hier haben sich durch eine Krisensituation zwei Seelen gefunden, die, so könnte man meinen, füreinander bestimmt waren und die mit Sicherheit aneinander gereift sind. Ich behaupte nicht, dass zu den genannten Leistungen jedes Huhn in der Lage ist (nicht jeder Mensch ist Einstein); die Geschichte zeigt, wozu Hühner fähig sein können.

„Dummer" Blick

Eine Bemerkung noch zum „Blick" der Hühner, der von manchen als „dumm" apostrophiert wird. Wenn der Mensch, wie es häufig geschieht, den Blick bestimmter Tiere als stumpf und dumm abtut, fällt es ihm nach Meinung von Werner leichter, dieses Tier *„als für unsere eigene Ernährung wichtiges, ansonsten aber seelenloses Schlachtvieh anzusehen"*[33]. Es handelt sich also, wie auch die abwertende Sammelbezeichnung „Vieh" (und ihre schlimmere adjektivische Ableitung „viehisch"), um einen Schutzmechanismus, der uns daran hindern soll, ein schlechtes Gewissen beim Töten von Tieren oder Verspeisen von Fleisch zu bekommen – ein Gewissen, das uns ohnehin weitgehend abhandengekommen ist angesichts der abgepackten Fleischportionen im Kühlregal, die wir kaum noch in Beziehung setzen zu einem ehemals lebendigen Mitgeschöpf.

Demgegenüber sprechen bewusstere und empfindsamere Menschen vom *„wortmächtigen"* Blick der Tiere (wie der Philosoph Martin Buber) oder, wenn sie bereit sind, ihnen eine Seele zuzugestehen, von einem „seelenvollen" Blick – selbst in modernen Theaterstücken angesichts der bevorstehenden Schlachtung zweier Hühner:

„SPIELERIN 3
    Die Hühner
    Pause
    Ich glaube
    Die Hühner ahnen etwas
SPIELERIN 2
    Das spielt keine Rolle
    Hühner sind Tiere
SPIELERIN 3
    Diese Hühner
    Also
    Diese Hühner haben einen seelenvollen Blick
SPIELER 2
    Diese Hühner
SPIELERIN 3
    Oh ja
SPIELER 2
    Einen seelenvollen Blick
SPIELERIN 3
    Oh ja"[34]

Jeder einfühlsame Tierhalter wird seinem Hund oder seiner Katze eine Seele nicht absprechen, auch wenn dies im christlichen Dialog umstritten ist; wir jedenfalls haben unseren Butzi oft als „Seele von einem Hund" empfunden. Diese Seele äußert sich wie bei uns Menschen im Blick der Augen, die deshalb auch gern als „Tor zur Seele" bezeichnet werden. *„Was man wirklich entdeckt, wenn man hineinblickt, ist eine Seele, eine Insel des Friedens – und nur in zweiter Linie ein Sinnesorgan"*[35], so Merrifield über die Augen seines Esels Gribouille, und Victor Hugo fragte einmal: *„Schau dir den Blick deines Hundes an. Kannst du immer noch behaupten, er hätte keine Seele?"* Für mich ist unstrittig, dass alle Tiere (und damit auch unsere Hühner) beseelte Lebewesen sind; mit dieser Einschätzung befinde ich mich in guter Gesellschaft, etwa des Theologen Eugen Drewermann oder der Schriftstellerin Luise Rinser. Einen „dummen" Blick im obigen Sinne habe ich bei allen unseren Hennen nie bemerkt, eher einen wachen, aufmerksamen, intelligenten, eben „wortmächtigen", meinetwegen auch „seelenvollen". Dies schließt nicht aus, dass sie – wie auch wir Menschen, wenn uns etwas überrascht oder frustriert zurücklässt – manchmal „dumm schauen"; dies ist aber eine scherzhafte und umgangssprachliche Metapher, die normalerweise keine Rückschlüsse auf die Intelligenz des Betreffenden zulässt.

Selbstverständlich präsentiert sich der Hühnerblick, entsprechend dem menschlichen, nicht immer gleich. Er ist abhängig von Stimmung, Wachheitszustand, Aufmerksamkeit usw. und stimmt, scherzhaft bildlich gesprochen, mit der Länge des Halses überein: Wenn das Tier ruht, ist der Hals vollständig ins Federkleid eingebettet, der Kopf ruht direkt auf dem Körper, sodass die Henne wie ein großes ovales Ei mit aufgesetztem Kopfkügelchen wirkt; entsprechend sind die entspannt, träge oder schläfrig blickenden Augen kaum oder nicht sichtbar, da geschlossen bzw. im Gefieder versteckt. Je bedrohlicher aber eine Situation, je aufmerksamer das Huhn in die

Runde schaut, umso mehr wird der Hals teleskopartig ausgefahren, während die Augen zugleich weit aufgerissen sind und einen hellwachen Blick aufweisen.

Unverständlich finde ich, dass der lebenslange Hühnerbeobachter und -erforscher Baeumer das 1964 im Kosmos-Verlag erschienene Büchlein, in dem er seine Forschungsergebnisse populärwissenschaftlich zusammenfasste, mit dem irreführenden Titel „Das dumme Huhn" versah. Nach vielen Beispielen kann er sich nämlich im Schlusskapitel zu der vorsichtigen Formulierung durchringen: *„Manchmal möchte man schon fast von ‚Vernunft' reden"*, und nach der neuerlichen Feststellung, das Huhn sei *„dümmer"* als der Mensch, *„wenn wir mit dumm das Fehlen der eben genannten Denkmöglichkeiten bezeichnen"*, kommt er im letzten Satz seines Werkes zum überraschenden Fazit: *„… müssen wir wohl zugeben, dass es dumm ist, schlechthin vom ‚dummen Huhn' zu reden."*

Sperber, Katze, Marder & Co.

Frei laufende Hühner sind in einem Garten nicht die einzigen tierischen Lebewesen. Ohnehin ist unser „naturfreundlicher" oder „halb wilder" Ökogarten daraufhin angelegt, dass sich eine größtmögliche Zahl von Pflanzen und Tieren dort ansiedeln soll und darf. Eine Unterteilung in „Schädlinge" und „Nützlinge" findet bei uns nicht statt; sie sind alle lebendige Glieder von Kreisläufen, von Räuber-Beute-

Beziehungen, und deshalb willkommen – die einen mehr (z. B. Marienkäfer oder Wildbienen), die anderen weniger (Stechmücken oder Schnecken). Mit Albert Schweitzer sehen wir uns im Rahmen unseres Garten-Ökosystems als „*Leben, das leben will, inmitten von Leben, das leben will*", oder, wie es August Lämmle in seiner „Geschichte mit den sieben Hennen" formulierte: „*Er hatte vor allen Lebewesen eine große Ehrfurcht. Er liebte, was lebte, weil er liebte, dass es lebte.*"[36]

Die augenfälligsten und häufigsten „Groß"tiere im Garten werden natürlich von der Gruppe der Vögel gestellt. Durch die Vielzahl von Bäumen und Sträuchern, unsere nicht nur im strengen Winter erfolgende Fütterung der Singvögel, aber auch durch den immer präsenten Hühnerfutterplatz fühlen sich viele der kleinen gefiederten Freunde bei uns wohl. Zusätzlich zu Sträuchern und Totholz-Reisig-Haufen bieten wir ihnen weitere Hilfen in Form von Nistkästen, die in den Bäumen und am Haus hängen und meist gern angenommen werden. So konnten wir seit der Übernahme von Haus und Garten knapp 30 Vogelarten registrieren, von denen mindestens neun mehr oder weniger regelmäßig Nachwuchs aufziehen. Zu den häufigsten gehören Kohl- und Blaumeise, Amsel und Haussperling; aber auch Hausrotschwanz, Kleiber und Mönchsgrasmücke erfreuen uns in jedem Frühjahr wieder durch ihr Erscheinen, ihren Gesang und ihre Brut. Und jedes Jahr im Dezember erwarten wir gespannt die bis zu 30 Kopf starke, goldblitzende Schar der Ammern, die sich bis ins Frühjahr hinein auf unserer Terrasse tummeln, ergänzt oder abgelöst im Februar durch die Ankunft vieler kleiner, munter schwätzender Erlenzeisige.

Es lässt sich natürlich nicht vermeiden, dass frei lebende Hühner und Singvögel in losen Kontakt miteinander kommen. Dies sei, so die zuständigen Behörden, der Auslöser für die sogenannte „Vogelgrippe" (früher „Geflügelpest") nach Übertragung der H5N1-Viren gewesen, nach deren Ausbruch Hühner vorsorglich nicht mehr ins Freiland durften (sogenanntes „Aufstallungsgebot") oder in befallenen Ställen sogar getötet („gekeult") werden mussten. Andere Experten, u. a. vom Schweizerischen Bundesamt für Veterinärwesen, vom „Wissenschaftsforum Aviäre Influenza" oder von einer UN-Arbeitsgruppe, benannten dagegen *landwirtschaftliche Methoden, bei denen eine enorme Anzahl von Tieren auf engem Raum zusammengedrängt sind"*, als eine der Grundursachen der Epidemie.[37] Zur Stallpflicht für Hühner habe es *„keinen Anlass"* gegeben, sie sei *„aus wissenschaftlicher Sicht nicht zu rechtfertigen"*.[38] Auch lokale Kleintierzuchtverbände suchten die *„wahren Schuldigen"* eher unter der *„Großgeflügelmafia"*[39], und in pharmakritischen Kreisen wurde laut der Verdacht geäußert, Ladenhüter wie das fragwürdige Medikament Tamiflu sollten bei dieser Gelegenheit *„dank geschickter Öffentlichkeitsarbeit, cleverer Marketingstrategen und medialer Vogelgrippepanikmache sowie staatlicher Hamsterkäufe"*[40] unters Volk gebracht werden. Wir haben hoffentlich alle aus dieser hochgespielten Affäre gelernt.

Am deutlichsten waren Kontakte zwischen Hühnern und Singvögeln bei uns am winterlichen Aufenthalts- und Futterplatz unter den Tischtennisplatten zu beobachten, wo sich mitten zwischen dem – vergleichsweise riesigen – Geflügel Scharen hungriger Spatzen, Amseln oder Goldammern tummelten, um Körnchen oder Haferflocken zu ergattern. Ich war immer wieder erstaunt, dass hier offensichtlich seitens der Hühner kein Futterneid existierte und sie ihre kleineren Verwandten am reich gedeckten Tisch mitessen ließen. Auch das sonst so scheue Rotkehlchen suchte sich, gelassen zur Kenntnis genommen von den daneben sich putzenden Hühnern, übrig gebliebenes Futter auf dem Boden; einmal habe ich es sogar bei offen stehender Tür im Stall gesehen, ebenso mehrere junge Amseln, die sich im Winter ungeniert beim ausgestreuten Futter auf dem Stallboden bedienten. Ein rührendes Erlebnis, das ich aus nächster Nähe beobachten konnte, werde ich nicht vergessen: Einem Amselpaar ist es wieder einmal gelungen, trotz Nachbarkatzen und Mardern Junge aufzuziehen, die nun riesenschnäbelig, kurzschwänzig und unbeholfen erste Ausflüge in den Garten unternehmen. Eines dieser mausgrauen Jungen sieht plötzlich neben der Terrasse einen großen schwarzen Vogel vor sich, der ihm wie eine Riesenausgabe seiner Eltern erscheinen muss und vielleicht auch die Erwartung von Riesenwürmern weckt. Es hüpft auf ihn zu und präsentiert ihm seinen weit aufgerissenen gelbroten Schnabel. Unserer Blacky (denn um diese handelt es sich) scheint die Verwechslung etwas peinlich zu sein; sie beäugt den aufdringlichen Kleinen eine Weile mit schief gelegtem Kopf und entzieht sich dann der Situation. Auch das Amseljunge, das in diesem Augenblick wohl die Welt nicht mehr versteht, hüpft irgendwann frustriert davon – auf der Suche nach den richtigen Eltern.

Luftangriffe

Hühner reagieren, wie schon beschrieben, verschreckt bis panisch, wenn sie urplötzlich in eine bedrohliche (oder bedrohlich erscheinende) Situation geraten. Die schlimmste Begegnung unserer Hennen in all den Jahren war diejenige mit einem Sperber. Diese in „Brehms Tierleben" seinerzeit als *„gemeine Strauchdiebe"* beschimpften Greife, die mit 28–38 Zentimetern eine wesentlich geringere Körpergröße als Habichte erreichen, jagen in gewandtem, dicht über Hecken oder durch den Wald führenden Flug und stürzen sich auf kleine Vögel oder Säugetiere. Ausgewachsene Hennen scheinen nicht zu wissen, dass sie – im Gegensatz zu Hühnerküken – aufgrund ihrer Körpergröße wohl kaum zu den Beutetieren des Sperbers zählen. Ich war zufällig dreimal Zeuge dieser Begegnung, als ich aus dem Haus kommend den Garten im Bereich von Stall und Unterstand betrat:

Beim ersten Mal sah ich, wie von der Hütte her in jagendem Flug ein großer, gestreift-gesperberter Vogel schoss, unter der von Spatzen bevölkerten Hainbuchenhecke durchtauchte (um sich einen Sperling zu greifen?) und dann in steilem Flug am großen Apfelbaum vorbei verschwand. Ein späteres zweites Zusammentreffen, bei dem derselbe Vogel unter dem Apfelbaum aufflog und sich für kurze Zeit auf einem Ast niederließ, half mir dann bei der Identifikation: Es war zweifelsfrei ein habichtähnlich gefärbtes Sperberweibchen (möglicherweise auch ein Jungvogel, dessen Gefiederfarbe mir nicht bekannt ist)! Interessant waren aber die Reaktionen unserer Hühner auf die „unheimliche Begegnung der dritten Art" mit dem – wie ich annehme – bis dahin unbekannten Flugobjekt: Während sich die anderen Hals über Kopf und flügelschlagend unter die Thujahecke in Sicherheit brachten, wo sie dann „verwettert" und teilweise knurrend beieinanderstanden, verblieb unsere Quax schwer und schnell atmend auf ihrem Ruheplatz unter der Tischtennisplatte, in den sie sich lange Zeit bewegungslos duckte (nur die Augen zeigten Lebendigkeit). Irgendwann trieb ich sie dann zu den anderen, wo sie anhaltend protestierte und nicht zu beruhigen war. Lange standen alle beisammen, bis überflüssigerweise auch noch ein Gewitter mit Regen einsetzte. Erfahrene Hühnerhalter berichten, dass ihre Hühner nach einem derartigen Angriff aus der Luft oft viele Tage lang brauchen, bis sie ihren Schreck überwunden haben und sich wieder ins Freie trauen. Auch wir hatten den Eindruck, dass unsere Tiere nach dem Ereignis noch aufmerksamer und schreckhafter auf alle größeren Objekte in der Luft (Amsel, Krähe, Ballon usw.) reagierten. Die sensible Henne Quax neigte, wie schon erwähnt, außerdem dazu, in Ohnmacht zu fallen bzw. sich tot zu stellen; dies konnten wir ein anderes Mal erkennen, als wir sie zur Säuberung der verklebten Kloake einfangen mussten und sie plötzlich alle viere von sich streckte.

Im flexiblen Hühnerzaun verfangener Igel.

Bella und der im Hintergrund „lauernde" Kater Simba.

Quax mit suboptimalem Erscheinungsbild.

Zwei Spuren im Schnee.

Wärmende Wintersonnenstrahlen im Stalleingang.

Beim dritten Mal – es war an einem kalten Januartag, und wir erfreuten uns wie die Jahre zuvor an der zwitschernden, blitzenden Goldammerschar auf Apfelbaum und Terrasse – wurden wir durch heftiges Flügelschlagen und Rauschen aufmerksam. Auch dieses Mal stob die Sperberin mit einem erbeuteten kleinen Singvogel in den Fängen davon. Vor lauter Aufregung und Ärger haben wir allerdings versäumt, die Reaktion der Hühner um die Ecke zu registrieren.

Ein solch pfeilschneller, überraschender Durchflug eines großen Vogels, auch wenn es lediglich eine Amsel war, löste kurzzeitig eine Panikreaktion bei den Hühnern aus, die in Ducken, Ausstoßen von Warnlauten und Fluchtbereitschaft bestand, bevor sich die Anspannung nach Erkenntnis der Ungefährlichkeit wieder löste.

Allerlei Katzen

Interessant und abwechslungsreich verliefen Begegnungen der Hühner mit Katzen. Im Allgemeinen vertrugen sich Katzen und Hühner gut, auch wenn insbesondere jugendlich männliche Samtpfoten das Geflügel gern spielerisch umherscheuchten, aber nie ernsthaft verletzten. Nach dem Tod unserer eigenen Katze hatten wir auch mit Rücksicht auf die vielen Singvögel und ihre Bruten zunächst auf eine Nachfolgerin verzichtet, zumal unser Garten ohnehin ständig von bis zu vier Nachbarskatzen frequentiert wird. Dass diese „unseren" Singvögeln nachstellen und zugleich ihre Hinterlassenschaften in Gemüsebeeten und Sandbadeplätzen absetzen, kann kaum verhindert werden.

Wie verhielten sich nun aber die Hühner gegenüber den Gästen? Wir haben herausgefunden, dass sie die einzelnen Katzen sehr wohl zu unterscheiden vermochten, sodass man bei Tieren, von denen nie eine Bedrohung ausging, mit ruhigem Abwarten und Beobachten reagierte. Andere, insbesondere junge Kater und Katzen, lauerten dem Geflügel spielerisch auf, stürzten dann plötzlich darauf los und jagten es vielleicht noch durch den Garten. Hier hörten wir schon im Haus das Zetergeschrei und schritten dann notfalls durch Vertreiben der Übeltäter ein. Derartige Katzen wurden bereits bei weiträumiger Annäherung im Nachbargarten äußerst scharf beäugt und mit Warnlauten bedacht. An manche der Nachbarskatzen – wie den jungen, äußerst angenehmen Simba – gewöhnten sich die Hühner derart, dass sie sogar dessen abendlich meditative Anwesenheit in ihrem Stall ohne sichtbare Aufregung duldeten; wäre er nicht durch die Luke entwischt, hätte ich ihn sogar über Nacht eingeschlossen, da ich nicht mit einer Katze im Stroh gerechnet hatte. Dasselbe habe ich mit dem, von uns allerdings ungeliebten rot-weißen Nachbarskater erlebt, der in extremer Weise den Singvögeln nachstellt und, obwohl von uns ständig vertrieben, unserem Garten die Treue hält: Auch er hielt sich einmal abends im Scharrstroh auf, als ich die Tür zur Nacht schließen wollte, und suchte bei meinem Anblick schleunigst das Weite. Seitdem wurde der Stall vor dem Schließen der Luke mit der Taschenlampe auf das Vorhandensein von Katzen oder anderen „Fremdelementen" kontrolliert.

Mit dem Zusammentreffen von Hunden und Hühnern konnten wir bisher keine Erfahrungen machen, da von Besuchern mitgebrachte Vierbeiner nie mit dem Geflügel in Berührung kamen. In Fremdberichten werden sehr unterschiedliche Verhaltensweisen der Hunde geschildert, vom Ignorieren oder sogar Beschützen bis zum Jagen und Töten.

Marder und Füchse – die Erzfeinde zu Lande

Seltsamerweise schienen Marder von den Hühnern nicht anders eingeschätzt zu werden als Katzen, denen sie ja in Größe und Färbung gleichen können; ich muss bezweifeln, dass ein angeborenes Unterscheidungsvermögen zwischen diesen Tierarten existiert. Wenn sich das Geflügel einmal an Katzen in seiner Umgebung gewöhnt hat, könnten Marder ebenfalls in diese Kategorie fallen – ein gefährlicher Trugschluss! Nicht anders ist die Begegnung zu interpretieren, die ich durch Zufall miterleben konnte (es ist ja ohnehin so, dass wir von dem ganzen bunten Treiben im Garten nur einen Bruchteil mitbekommen, wenn wir nämlich zufällig zur richtigen Zeit am richtigen Ort sind): Die Hühner hielten sich gerade an einem ihrer sommerlichen Lieblingsplätze auf, unterm alten Apfelbaum, im Laub nach Spinnen und Insekten scharrend. Plötzlich sah ich einen graubraunen Marder gemächlich mitten durch die Hühnerschar spazieren, die zwar aufmerksam beobachtete, aber keinerlei Zeichen von Aufgeregtheit zeigte. Das Tier kam auf mich zu, wandte sich in Richtung Terrassenmauer und Zaun, trottete wieder in die andere Richtung und verschwand über den Maschenzaun aufs Nachbargrundstück. Ich hatte ausgiebig Gelegenheit, ihn zu beobachten: Ganz offensichtlich handelte es sich um einen jungen Stein- oder Hausmarder, der erstaunlicherweise keine Scheu vor dem Menschen zeigte, aber zumindest zu diesem Zeitpunkt auch keine Angriffs- oder gar Mordlust gegenüber den Hühnern.

Diese gehören – wie andere Vögel, deren Eier und Nestlinge sowie Säugetiere bis Hasengröße – sehr wohl zu den Beutetieren von Hausmardern und deren nächtliches, blutrünstiges Eindringen in einen ungesicherten Stall kann bekanntlich das Aus für eine Hühnerhaltung bedeuten. Dass sich Steinmarder gern in Gärten mit Holzhütten, Geräteschuppen oder Holzstapeln herumtreiben, wie es sie in unserer Umgebung zuhauf gibt, war uns nichts Neues; bei unserem Einzug ins Haus hatten wir sogar unwissentlich eine Marderfamilie auf dem Dachboden mit übernommen, die sich durch nächtliches Herumtoben lautstark bemerkbar machte. Als ich mir dort einmal mehrere Nachtstunden um die Ohren schlug, um den Störenfrieden aufzulauern, sind sie nicht aufgetaucht. Erst im Zuge von Anbau und Dachabdichtung konnte das gut gepolsterte, mit Speckvorrat, einer Stoffpuppe und allerlei Krimskrams ausgestattete Mardernest entdeckt und beseitigt werden.

Vom Besuch durch Füchse sind wir, soweit ich weiß, verschont geblieben. Zwar ist das Grundstück auf allen Seiten eingezäunt, was aber einen hungrigen Fuchs nicht davon abhält, sich darunter durchzugraben oder den nicht allzu hohen Zaun zu überspringen. Der Stall war jedenfalls durch die abgeschlossene Tür und den Schieber an der Ausstiegsluke gegen nächtliche Überfälle gut gesichert. Dieses Schließen darf nur nicht vergessen werden, was in gar nicht so seltenen Fällen Hühnerhaltern schon zum Verhängnis geworden ist – auch unseren Nachbarn (mit der vielköpfig bunten Schar): Ihnen haben die flinken und raffinierten Hühnerfeinde mehrfach Teile des Bestands abgeräumt, obwohl der nächste Wald einen knappen Kilometer entfernt ist. Dies stellt jedoch für Füchse, die sich zunehmend kecker heute auch in Großstädten tummeln, keine ernst zu nehmende Entfernung dar.

Igel, Spitz- und andere Mäuse

Ein Zusammentreffen von Hühnern und Mäusen bzw. Insektenfressern konnte von uns nur in seltenen Fällen direkt beobachtet werden. Obwohl unser Grundstück ständig von mindestens einem Igel bewohnt wird, sind diese Tiere fast ausnahmslos nur in der Dämmerung und Nacht aktiv. Zu dieser Zeit machen sie durch Rascheln, Schmatzen oder Husten auf sich aufmerksam. So verriet sich ein kleiner Igel, der in der Betonröhre hinter dem Hühnerstall residierte, durch sein morgendliches Husten, was Bella und Quax beim ersten Kontakt mit leichtem Schimpfgackern beantworteten. Zu Begegnungen mit den tagaktiven Hühnern konnte es eigentlich nur an späten Sommerabenden kommen, und ich durfte eine solche am Fressplatz nur ein einziges Mal erleben. Hier standen die Hühner ruhig und abwartend auf ihren Plätzen, um das Stachelwesen, das sie bis dato vielleicht noch nie zu Gesicht bekommen hatten, zu begutachten und in seiner Gefährlichkeit einzuordnen. Auch der Igel ließ sich auf seiner Suche nach Nahrung nicht stören.

Eine weitere Begegnung verlief hingegen kontrovers: Eine der im Brennholzstapel vor der Hütte wohnenden Spitzmäuse huschte einmal vor unseren Augen – und denen der Hühner – von ihrer Wohnung an der offenen Stalltür vorbei zur Ecke, an der ein Blechgefäß das Wasser aus dem Fallrohr aufnimmt. Diese Schale ist von allerlei krautigen Gewächsen umgeben, in denen sich das Tierchen verbarg. Quax, die sich wie die anderen Hühner am Vorplatz aufhielt, marschierte zum Versteck der Spitzmaus und hackte darauf ein. Später, nachdem die Hennen sich entfernt hatten, huschte das offenbar unverletzte Mäuschen schnuppernd hervor und holte sich mehrmals übrig gebliebene Käsestückchen.

Warum das ansonsten sanftmütige Huhn auf dieses kleine Tier derart aggressiv reagierte, kann ich mir höchstens damit erklären, dass zur Nahrung von Hühnern durchaus auch Mäuse zählen; eine Bedrohung für den Stall oder ihren Hühnerhof ging ja von der Spitzmaus, die mit ihrem spitzen Gebiss wie Igel und Fledermaus zu den Insektenfressern gehört und von Katzen nicht gefressen wird, nicht aus. Inzwischen habe ich mich in einer Kleintierzuchtanlage mit eigenen Augen davon überzeugen können, wie eine Henne eine ausgewachsene Maus im Schnabel davontrug, verfolgt von der futterneidischen Meute ihrer Geschlechtsgenossinnen – eine Tatsache, die ich früher aufgrund der Größenverhältnisse nicht für möglich gehalten hätte.

Ob unsere Hühner jemals mit „echten" Mäusen zusammengetroffen sind, weiß ich nicht; wir haben solche weder im Stall noch im Garten lebendig angetroffen, auch wenn Kotspuren im nördlichen Teil der Hütte auf ihr Vorhandensein hindeuteten. Und von einer Begegnung zwischen unserem Federvieh und der Ratte, die sich eine Zeit lang im Komposthaufen aufgehalten hat, ist uns auch nichts bekannt; diese hat sich auf pflanzliche Abfälle beschränkt, obwohl sie im hungrigen Zustand durchaus auch Hühnern gefährlich werden könnte.

EINE WÄRMFLASCHE FÜR KALTE TAGE
Wintertauglichkeit

Hühner sind von Natur aus wasserscheu. Auch unsere Mädels mieden
Regen (vor allem die Seidenhühner wegen ihres ungewöhnlich-durch-
lässigen Federkleids), Schnee und starken Wind, vor dem sie sich in
einen Unterschlupf verzogen; von einer leichten Brise ließen sie dagegen gern ihr Gefieder durchblasen. Gegen die Nässe von oben haben
wir ihnen einen Unterstand an der Nordseite des Hauses konstruiert,
zunächst aus einem alten Biertisch und einer Sitzbank zusammenge-
bastelt, später aus zwei ausgedienten Tischtennisplatten bestehend,
belegt mit Brettern und abgedeckt mit mehreren Plastikplanen. Die-

sen Platz, der sich nur wenige Schritte vom Stall entfernt befindet, suchten sie nach der morgendlichen Befreiung zuerst auf (notfalls wurde mit Mehlwürmern nachgeholfen), nahmen dort begierig das ausgestreute Futter auf und waren vor Regen und mäßigen Winden geschützt. Wenn es ihnen – etwa infolge eines starken Gewitterregengusses – dort zu ungemütlich wurde, wechselten sie den Platz oder verkrochen sich in ihrem Stall.

Als die erste kalte Jahreszeit während unserer Hühnerhaltung vor der Tür stand, waren wir natürlich sehr besorgt um die Wintertauglichkeit unserer Tiere. Wir hatten keine Ahnung, ob Hühner trotz ihres Daunenmantels frieren, und wenn ja, ab welchen Minusgraden und was dagegen zu machen wäre. Meine laienhaften Überlegungen gingen außerdem dahin, dass Tiere mit einer ständigen Körpertemperatur von über 41 °C im Winter noch mehr frieren müssten als wir Menschen, da ja die Differenz zur Außentemperatur höher ist und folglich der Körper permanent mehr aufgeheizt werden muss. Vor allem Anna taten die „armen Tiere" extrem leid, sodass wir uns ernsthaft Gedanken über ein winterliches Ausgehverbot oder eine Stallheizung machten. Sogar eine mit heißem Wasser gefüllte Wärmflasche wurde in manchen zweistellig kalten Nächten in der Nähe der Schlafplätze aufgestellt, um die Luft wenigstens kurzzeitig etwas anzuwärmen. Insbesondere drehten sich die Besorgnisse um das Seidenhuhn Wuschel, dessen „Haar"kleid uns durch die fehlende Verzahnung der einzelnen Federn äußerst kälte- und wärmedurchlässig zu sein schien. An strengen Kältetagen erbarmte sich meine Frau deshalb des armen, ihrer Meinung nach frierenden Tierchens, nahm es wärmend in den Arm und stellte sich sogar zeitweise mit ihm vor den Kachelofen. US-Autorin Catherine Goldhammer, die mit Tochter und sechs Hühnern in ein verschlafenes Dorf am Meer zog, hatte die gleiche Sorge: *„Ich versprach den Hühnern, dass sie nächstes Jahr einen Tränkenwärmer und eine Heizlampe, einen isolierten Stall und* *einen trockenen Auslauf bekämen. Sie taten mir schrecklich leid. Sie wussten ja nicht, dass all dies irgendwann vorbei sein würde."*⁴¹

Mit der Zeit sahen wir nach der Erfahrung mehrerer Winter die Sache gelassener und konnten über die Empfehlung einer *„zusätzlichen Beheizung des Stalls"* (Estermann, 2001) nur milde lächeln. Nicht unwesentlich trugen die Einschätzungen unserer erfahrenen Nachbarin sowie der vorsorglich befragten Tierärztin, die selbst Hühner hält, zu unserer Beruhigung bei; sie meinten nämlich übereinstimmend, eine Wärmeisolierung des Stalls sei angesichts der nicht mehr so kalten Winter nicht erforderlich, Hühner würden sich in sich zusammenkauern, gegenseitig zusammenrücken und sich bei entsprechender Gesundheit nicht erkälten. Man solle sie deshalb auch im Winter zur Abhärtung so oft wie möglich ins Freiland lassen, auch um einer Verfettung entgegenzuwirken. Heute dürfen wir unseren Hühnern eine enorme Wintertauglichkeit bescheinigen. Über Internetforen konnten wir uns insbesondere darüber informieren, dass auch und gerade Seidenhühner durch ihre daunenartig warme Federstruktur und ihre dicke blauschwarze Haut problemlos über den Winter kommen. Auch in der kalten Jahreszeit haben wir immer darauf geschaut, dass sich unser Geflügel so viel wie möglich im Freien aufhielt und sich dort bewegte; notfalls setzten wir den notwendigen Reiz, die „Stubenhocker" aus ihrer winterlichen Starre zu lösen, und beförderten sie (auch nach einem vergleichenden Blick auf andere Hühnerhöfe) nach draußen, wo sie sich dann für eine kleine Weile aufhielten – oder durch sofortige Rückkehr in den Stall die Anmaßung unserer Vorstellungen anprangerten. Unter der stallnahen Blaufichte, einem der Lieblingsbadeplätze, habe ich eine ausgediente Mülltonne der Länge nach auf den Boden gelegt und mit Stroh gefüllt. In dieser hielt sich Sommer wie Winter die eine oder andere Henne auf, um sich dem Regen zu entziehen, sich zu sonnen oder sie als Legemöglichkeit zu prüfen. Einmal im Winter versuchte ich außerdem, über dem dortigen Badeplatz eine Plastikplane zu spannen, um ihn schneefrei zu halten; sie kapitulierte allerdings vor den Schneemassen. Auf gleißendem Schnee zu gehen, bereitete unseren Hühnern Schwierigkeiten; in Büchern wird eine mögliche Schneeblindheit erwähnt, was das Anrennen unserer Wuschel gegen seitliche Schneewände vermuten lassen könnte. Niedrige Temperaturen im Plusbereich oder geringe Minusgrade bereiteten keine Probleme; von Vorteil war dabei auch, dass unsere Wyandotten und Seidenhühner keine großen Kämme und Kehllappen besaßen, die bei anderen Rassen erfrieren können. Erst bei strengem Frost, eisigen Ostwinden und einer geschlossenen Schneedecke zogen sie – nach einem scheelen Blick ins Freie und einem höchst kurzen Testlauf – den Aufenthalt im geschützten Stall vor. Sie hielten sich dort meist auf der dicken Strohschicht am Boden auf, die wir an ihrer Lieblingsstelle zur Wärmedämmung noch mit einer Gipskarton-Styropor-Platte unterlegt hatten – anfangs dummerweise mit der Styroporseite nach oben, bis wir realisierten, wie scharf Hühner auf Styropor sind (Vorsicht, Gesundheitsgefährdung!). Auch der Schlafplatz auf der Truhe, den meist zwei der Gefährtinnen einnahmen, wurde in strengen Wintern mit einer dicken weichen Styroporplatte unterlegt – aber unbedingt bedeckt von einer mehrschichtigen Lage auswechselbaren Zeitungspapiers, die das Styropor den Blicken ewig hungriger Hühner entzog!

Wenn irgend möglich, drängten die Hühner an sonnigen Wintertagen ins Freie, um sich an warmen Plätzen dem Sand- und Sonnenbad hinzugeben. Wenn dies wegen extremer Kälte unterbleiben musste, öffneten wir die nach Süden gelegene Stalltür für ein bis zwei Stunden, sobald die Sonne diese über Mittag erreicht hatte. So konnten die Tiere im windgeschützten, wenn auch kalten Stall auf einem dicken Strohpolster hinter der Tür dennoch die wärmenden Sonnenstrahlen genießen, was sie auch ausgiebig taten.

Fütterung im Winter

Bei anhaltendem Frost fütterten wir im Stall. Auf der freien Boden-
fläche zwischen den Strohplätzen und auch im Stroh wurden Körner und handelsübliches Gartenvogelmischfutter ausgestreut, nach
dem sie scharrend und pickend suchten. Grünfutter, das sie noch an
frost- und schneefreien Tagen auf der Wiese fanden, ersetzten wir
durch Salatblätter oder im Sommer getrocknete Wiesenkräuter. Einem Ratgeber entnahm ich den Tipp, in einem Netz Salat, Kohl oder
Ähnliches aufzuhängen – etwas über dem Boden schwebend, um die
Hühner zu Sprüngen zu animieren und dadurch dem Bewegungs-
mangel im Winter entgegenzuwirken. Ein derart gefülltes Netz habe
ich einmal aufgehängt, als die Tiere teilweise im Freien waren. Bella
und Wuschel weigerten sich daraufhin angesichts des unbekannten
Monstrums, den Stall zu betreten, Quax und Blacky blieben regungslos an ihren Plätzen im Stall sitzen. Vorsichtig und beruhigend auf sie
einsprechend, trug ich Wuschel an ihren Strohplatz, woraufhin sie
fluchtartig und schreiend den Stall wieder verließ. Auch in der Folge
schlugen alle einen weiten Bogen um den unbekannten Gegenstand;
weder sprangen sie, noch fraßen sie. Ich habe die Ärmsten dann von
diesem schrecklichen „Mitbewohner" befreit (und meinte ein deut-
liches Aufatmen zu hören).

Ein Problem war die Bereitstellung von Flüssigkeit im winterlichen Stall. Normalerweise konnten sich die Hühner aus einem
Gefäß mit frischem Wasser und einem anderen, in dem alte Brötchen eingeweicht wurden, bedienen. Bei extremer Kälte und nicht
vorhandener Stallheizung fror dieses Wasser in beiden Behältnissen
nach einiger Zeit zu und musste mehrmals am Tag erneuert werden.
Wir tauschten deshalb im Winter das normale Wassergefäß gegen
ein Plastikessgefäß für Babys, bei dem durch eine verschraubbare
Öffnung heißes Wasser in den doppelten Boden gefüllt werden kann.
Dies zögerte das Einfrieren des Wassers etwas hinaus.

Blutsauger und Federfresser

Wenn unsere Freundin Susanne an ihre Kindheit auf dem elterlichen
Bauernhof und den dortigen Hühnerstall denkt, fallen ihr als Erstes
die Flöhe ein, von denen die Hennen (samt Susanne) befallen waren. In einem Hühnerstall kommen vorzugsweise drei Gruppen von
Außenschmarotzern vor: Federlinge, Flöhe und Vogelmilben. Alle
drei sind unangenehme Zeitgenossen, die sich zu einer Plage für das
Federvieh auswachsen können. Flöhe befallen auch den Menschen,
die anderen Gruppen sind auf gefiederte Lebewesen spezialisiert.

Federlinge

Von den 1–3 Millimeter großen braunen Federlingen, die vorwiegend in unsauberen Ställen oder bei unzureichenden Staubbademöglichkeiten vorkommen, sind unsere Hühner verschont geblieben. Anzeichen wären ein struppig-löchriges Gefieder sowie kleine Eierklumpen im Kloaken-, Kopf- und Bauchgefieder sowie unter den Flügeln.

Flöhe

Als äußerst unangenehm erweisen sich die Bisse von Flöhen, wie jeder Betroffene gern bestätigen wird. Wir sind natürlich als Menschen, die eng mit ihren Haustieren zusammenleben, von Katzen- und Hundeflöhen nicht verschont geblieben und oft morgens mit juckenden Bissstellen aufgewacht; daher können wir die von Hühnerflöhen hervorgerufene Unruhe der Hennen und deren ständiges Putzverhalten nachvollziehen. Besonders unserer Blacky konnte man ansehen, wenn sie gerade wieder von einem wuselnden Floh im Gefieder belästigt oder gar gebissen wurde; ihr Kopf fuhr ruckartig herum, sie sträubte das Gefieder und begann mit dem Schnabel wild darin zu wühlen, um den Eindringling zu erwischen.

Vogelmilbe

Die schlimmsten Plagegeister für Hühner aber dürften die achtbeinigen Roten Vogel- oder Blutmilben sein, die in großer Zahl auftreten können. Sie leben nicht auf der Haut der Hühner, sondern verstecken sich tagsüber in Spalten und Ritzen. Durch die Körperwärme der Hennen angelockt, kriechen sie nachts hervor, piesacken diese „bis aufs Blut" und nehmen dadurch eine rote Färbung an. Ich weiß nicht, ob das Geflügel während des Schlafens merkt, wie es angezapft und ausgesaugt wird, und entsprechende Gegenmaßnahmen ergreift, oder ob sich die Vampiraktion unbemerkt abspielt. Auf jeden Fall ist bei einem Befall der Schlafplatz am Morgen mit kleinen Blutspritzern übersät. Die Fachliteratur führt außerdem als Anzeichen für einen Milbenbefall Federnausfall, glanzloses Gefieder, fahlgelb-blasse Kämme und Kehllappen, Mattigkeit, Abmagerung sowie eine geringe Legetätigkeit auf. Zumindest die ersten fünf genannten Symptome konnten wir aber bei unseren Hühnern erstaunlicherweise nie feststellen; sie präsentierten, außer in der Zeit der Mauser, immer ein wunderbar glänzendes, schönes Gefieder und hielten dem Augenschein nach zumindest ihr Gewicht (wir haben sie nie gewogen, um ihnen den Stress des Eingefangenwerdens zu ersparen). Zumindest Blacky legte während ihres Aufenthalts bei uns massemäßig sogar deutlich zu.

Generalstabsmäßige Hühnerstall-Putzaktion

Von unseren Katzen und Hunden her, die sich so viel wie möglich im Freien aufhielten, waren wir es bereits gewöhnt, dass sie immer wieder Zecken oder Flöhe anschleppten. Mithilfe verschiedener Bekämpfungsmittel und manueller Methoden (Flohhalsband, Flohkamm, Zeckenzange u. a.) konnten wir den jeweiligen Befall gut in den Griff bekommen und die lästigen Sauger – zumindest bis zum nächsten Gartenbesuch oder Spaziergang – ausmerzen.

Eine neue Herausforderung und Dimension stellte jedoch in den ersten zwei Jahren der Befall des Hühnerstalls mit anscheinend eingeschleppten Flöhen und Vogelmilben dar. Bis zum Hochsommer hatten sich diese stark vermehrt, saßen im Stroh und in allen möglichen Verstecken und piesackten die armen Hennen. Leider fanden sich in unserem aus Holzbalken und -brettern erbauten Stall auch in der Nähe der Schlafplätze jede Menge Spalten und Ritzen, in die sich die Plagegeister zurückziehen konnten.

Was tun?

Nachdem „sanfte" Mittel wie ätherische Öle oder eine Sulfurgabe ins Wasser keinen durchschlagenden Erfolg gezeigt hatten, beschlossen wir, zweimal jährlich eine generalstabsmäßige Hühnerstall-Putzaktion durchzuführen: an warm-sonnigen Tagen im Frühsommer (Mai/Juni) und im Herbst. Dazu führten wir folgende Arbeiten durch:

› weitestgehendes Ausräumen des Stalls (bis auf die schwere Truhe, die wir in die Mitte des Raums schoben),
› Abkehren von Boden und Wänden mit dem Besen,
› Absaugen mit einem alten Staubsauger mit anschließender Entsorgung des Beutels,
› nasses Wischen und Abschrubben von Boden und Wänden mit Holzaschenlauge (oder Schmierseife); ersatzweise wäre auch das früher und heute teils noch übliche „Kalken" mit Kalkmilch denkbar,
› Grunddesinfektion der Holzwände und Ecken mit einem Insektenspray,
› Abspritzen der ins Freie beförderten beweglichen Teile (wie Sitzstangen, Kotbleche oder Legekisten) mit einem starken Wasserstrahl, gründliches Abspülen mit der Aschenlösung, Spraybehandlung schwer zugänglicher Stellen,
› Entsorgung des Strohs vom Stallboden und aus den Legekisten in der Kompostecke.

Wenn Stallinneres und Mobiliar trocken waren, erfolgte am Abend das Wiedereinräumen, „… *und dann hielten die Hennen ihren triumphalen Einzug, beladen mit Mist, Läusen und – wie wir hofften – auch Eiern"* (MacDonald, 2007). Ich denke, die Hühner freuten sich anschließend dennoch über eine ungewohnte und hoffentlich beschwerdefreie Nachtruhe.

Mit den Jahren ließ der Befall überraschend nach, sodass eine einzige vorbeugende Putzaktion im Frühsommer sich als ausreichend herausstellte. Ansonsten genügte es, ab und zu das Stroh auszuwechseln und die bevorzugten Schlafplätze, deren Zahl sich mit sinkender Hühnerbelegung deutlich reduzierte, mit Aschenlauge zu behandeln (oder, wer sich dazu durchringen will, mit chemischen Desinfektionsmitteln einzusprühen). Auch das Ausstreuen von getrockneter und zerriebener Kamille oder Farnkraut soll Außenparasiten vertreiben; hier liegen mir allerdings bisher keine greifbaren eigenen Erfahrungen vor.

Sand- und Sonnenbaden

Die Hühner versuchen ihre ungebetenen Gäste durch Gefiederpflege, aber auch durch häufiges Sand-, Staub- und Sonnenbaden loszuwerden. Dies ist eine Binsenweisheit, auch wenn mir die Zusammenhänge nicht klar sind: Trocknet die Sonne die Tierchen aus? Vertreibt sie das Ungeziefer? Inwiefern schaden Staub und Erde, die ins Gefieder geschaufelt werden, den darin befindlichen Flöhen? Veranlasst der Sandschwall diese dazu, den Körper des Huhns zu verlassen, oder verstecken sie sich nicht einfach an anderer Stelle? Fragen über Fragen, auf die ich noch keine Antwort gefunden habe.

Um die Plagegeister abtöten oder vertreiben zu helfen, mischte ich auch gern etwas Holzasche (siehe Kasten) unter den Sand, in dem die Hühner badeten.

Holzasche

Asche fällt in unserem Haus während des Winterhalbjahrs bei der Verbrennung von (selbstverständlich unbehandeltem) Holz im Warmluftofen an. Die abgekühlte Holzasche sammeln wir in einer ausgedienten Mülltonne. Dabei – oder bei der späteren Ausbringung – müssen kleine Metallteile wie Nägel oder Schrauben, die sich an den Holzstücken befanden, ausgesiebt werden. Holzasche weist einen hohen pH-Wert (10–13) auf und hat dementsprechend eine stark basische Wirkung („Branntkalkeigenschaften"), die auf einem hohen Anteil an Oxiden und Hydroxiden der Elemente Calcium, Kalium, Magnesium und Natrium beruht. Ihre Lauge wurde deshalb in früheren Zeiten direkt zum Waschen benutzt. Holzasche kann als „Mehrnährstoffdünger" dem Boden oder Kompost zugeführt werden; allerdings sollte dies nur in geringen Mengen erfolgen, da viele Mikroorganismen und Regenwürmer alkalische pH-Werte sehr schlecht vertragen.

Dies ist auch der Grund, warum wir bei der Stallreinigung Holzaschenlauge verwendeten oder die Asche an den Badestellen der Hühner mit Sand und Erde vermischten: Wie beim früher angewandten Kalken des Stalls werden Mikroorganismen und Schadinsekten abgetötet. Dass Hühner deshalb von sich aus Stellen mit Holzasche aufsuchen, konnte ich auf „Prof. Blumes Bildungsserver für Chemie"[42] finden: Hier wird aus früheren Zeiten berichtet, als man im Patrizierhaus nur mit Holzöfen und Kaminen heizte und die anfallende Asche der Hausbewohner in einer abgeteilten Ecke des Lagerhauses sammelte: *In der Asche tummelten sich nur noch die Hühner, die aus dem Garten kamen, um darin ihre Staubbäder zu nehmen.*

Die Mauser

Keine Krankheit, sondern eine natürliche Erscheinung, ein physio-logisch gesteuerter Mechanismus, ist der Federwechsel bei Hühnern, den wir „Mauser" (von lat. *mutare* = ändern) nennen. Wie Schlangen von Zeit zu Zeit eine neue Haut wächst und das alte Hemd abgestreift wird, wie Pelztiere sich durch ein dichteres Fell auf den Winter vorbereiten, das sie im Frühjahr nach und nach „haarend" wieder verlieren, so erneuert auch ein Huhn sein Gefieder einmal im Jahr. Diese Prozedur wird von Hormonen der Schilddrüse gesteuert; gleichzeitig arbeiten die Fortpflanzungsorgane langsamer.

Die Mauser spielt sich innerhalb eines Zeitraums von ein bis drei Monaten ab, und zwar allmählich oder abrupt. Dabei sollen, so die Züchtererfahrung, „gute" Legehennen schnell mausern, „schlechte" dagegen mehr Zeit brauchen. Sie kommen aber durchaus nicht alle zur gleichen Zeit in die Mauser. Neigten Quax oder Wuschel dazu, ihre Federn im Sommer oder Frühherbst auszutauschen, so entschloss sich Bella üblicherweise erst in allerletzter Minute zu dieser Prozedur. Sie lief oft noch im November, wenn schon die ersten kalten Tage vorüber waren, mit lichten Gefiederstellen herum, sodass wir sehr um ihre Gesundheit besorgt waren.

Auch die Intensität der Mauser differiert von Tier zu Tier. Während an Blacky die Mauserzeit fast spurlos vorüberging (wie die Pubertät an manchen Menschenkindern) und über Wochen verteilt lediglich einzelne abgestoßene Federn aufzufinden waren, verloren Wuschel und Quax jedes Jahr erhebliche Teile ihres Kleides und sahen zu bestimmten Zeiten mitleiderregend aus. In diesen Fällen mussten wir morgens am Schlafplatz ganze Hände voll Federn und Federchen entsorgen, die natürlich als guter Dünger auf dem Kompost landeten. Die armen Hühner präsentierten sich dem Betrachter dann mit großen Lücken im Gefieder. Die „Teilmauser" muss man sich jedoch – im Gegensatz zur „Vollmauser" – nicht so vorstellen, dass die Hennen halb nackt wären (selten sahen unsere tatsächlich wie gerupft aus); es fehlen lediglich viele Deckfedern, besonders am Hals (dort insbesondere bei der sogenannten „Halsmauser"), oder mehrere Schwungfedern der Flügel, während die darunter befindliche Isolierschicht aus Flaum- und Fadenfedern sehr wohl noch vorhanden ist. Wenn die alten Federn abgestoßen werden, sprießen darunter bereits die neuen. Aus den Daunen ragen dann pinselartig die weißen Spitzen der nächsten Federgeneration, sodass die Tiere an diesen Stellen jungen Igeln ähneln. Nach und nach entfalten sich die Federn und wachsen in die Länge, bis sie nach einigen Wochen die Lücke geschlossen haben.

Mausernde Hühner erkennt man nicht nur am lichten Gefieder, sondern auch am blassen Kamm und an schlechter durchbluteten, oft etwas eingeschrumpften Kehllappen. Für sie stellt diese Zeit eine gewaltige physiologische Strapaze dar. Ein Problem ist weniger, dass das Mauserhuhn in den Augen der Menschen zur Lachnummer oder zum Gruselobjekt gerät, das den Ruf nach dem Tierarzt nahelegt; leider wird eine solche Henne gern zum Mobbingopfer der übrigen, noch voll bekleideten Artgenossinnen. Hühner sind, wie viele andere Tiere auch, gnadenlos, wenn es um das Ausstoßen kranker oder nicht „normal" aussehender Individuen aus der Gemeinschaft geht. Hier sei noch einmal Quax zitiert (GP): *„Da gibt es kein Verständnis oder Mitgefühl. Rücksichtnahme kennen wir nicht."* Dies mag ein Überbleibsel ihrer wilden Vorfahren und Verwandten sein, bei denen ein krankes, nicht mehr voll funktionierendes Tier leicht Fressfeinde zur Schar locken konnte; es ist aber beileibe kein Trost für eine voll in der Mauser befindliche Henne, die von ihren Mithühnern (mit denen sie ansonsten durchaus freundschaftliche Beziehungen unterhalten kann) gehackt sowie von Futter und Schlafplatz ferngehalten wird. Hier beweist das Sprichwort seine Richtigkeit, wonach sich erst in Notsituationen herausstellt, wer tatsächlich ein Freund ist: *„Denn im Unglück werden die guten Freunde am besten erkannt"*, heißt es bereits in Euripides' Drama „Hecuba".

JEDE LEGT NOCH SCHNELL EIN EI ...

Krankheit, Alter und Tod

Obwohl wir uns im Vorfeld über die Fachliteratur mit der ganzen Palette möglicher Erkrankungen unserer Schutzbefohlenen – von A wie Aspergillose bis Z wie Zehenverkrümmung – auseinandergesetzt hatten, sind sie über die Jahre weitgehend von ernsteren Gesundheitsproblemen verschont geblieben. Deshalb mussten wir Tierärzte wirklich nur in den allernotwendigsten Fällen konsultieren, wenn weder das Aussitzen noch alternative Heilmittel Erfolge zeigten. Außerdem hatten wir uns zuerst mit dem Gedanken vertraut zu machen, auch mit Hühnerproblemen zum Kleintierdoktor zu rennen, ohne das Gefühl zu bekommen, uns lächerlich zu machen. Denn allzu leicht empfiehlt die Fachliteratur, bei schwerwiegenden Krankheiten die Hühner „einfach zu schlachten", was für uns selbstredend nicht infrage kam.

Allerlei Krankheiten

Es ist selten, dass erwachsene Hühner erkranken. Wenn ja, haben sie die Erreger oder Parasiten meist aus einem ungepflegten oder übervölkerten Stall mitgebracht, wie es bei unseren Käufen teilweise der Fall war. Sie haben also, selbst wenn Sie bei einem (seriösen) Züchter kaufen, keine hundertprozentige Garantie, dass Sie ein gesundes Huhn erworben haben; vom Kauf auf Börsen oder Märkten ist ohnehin abzuraten.

Gesunde Tiere erkennt man an ihrer Vitalität: Sie sind fast immer in Bewegung, suchen nach Futter, nehmen Sandbäder, scharren in der Erde oder putzen ihr glänzendes Gefieder (ein nicht unbedeutender, allgemein anerkannter Indikator für das Wohlbefinden). Die Augen sind klar, Kamm und Kopflappen in der Regel gut durchblutet und daher rot (wenn sich das Tier nicht gerade in der Mauser befindet).

Kalkbeine

Bella brachte aus ihrem vorigen Stall „Kalkbeine" mit. Sie waren angesichts ihrer Jugend noch nicht schlimm ausgeprägt; wir haben inzwischen auf anderen Hühnerhöfen massiver befallene gesehen, welche die armen Tiere stark beim Gehen behindern. Die Kalkbeine werden von der als „Kalkbeinmilbe" bekannten Fußräudemilbe hervorgerufen, die besonders in dunklen, unsauberen Ställen lebt und sich an unbefiederten Stellen zwischen den Schuppen einbohrt. Zunächst zeigen die Beine ein raues Aussehen, bevor sich nach und nach die Schuppen abspreizen. Schließlich bildet sich eine grobe Borke, die das entzündete Bein wie ein Panzer umgibt, das Gehen erschwert und für Juckreiz und Unruhe beim befallenen Tier sorgt. Damit sie nicht die anderen, gesunden Tiere ansteckte, haben wir Bellas Beine sofort mehrmals mit Schmierseife und Holzaschenlauge abgewaschen, ebenso die Sitzstangen. Dies führte innerhalb kürzester Zeit zum Erfolg: Die Borken lösten sich ab und die Läufe konnten sich wieder regenerieren. Seitdem war sie beschwerdefrei, auch die anderen Hennen wurden nie befallen – was für unseren Stall spricht, denn Rockstroh (1983) schreibt: *„Es gibt nur ganz wenige Geflügelbestände, in denen keine Tiere mit Kalkbeinen vorzufinden sind."*

Würmer

Beim Kauf war Bella auch von Würmern befallen, die sich dünn, lang und deutlich sichtbar im Kot zeigten, und vermochte nur mühsam, krächzende Töne von sich zu geben (dies alles lässt Rückschlüsse auf die Geflügelhaltung zu, in der sie aufgewachsen war). Die Tierärztin gab uns ein zugleich auch gegen Ektoparasiten wirksames Medikament mit, das wir vorsorglich bei allen Hennen mit der Spritze an einer Hautstelle auftragen sollten. Nach drei Wochen wurde die Prozedur wiederholt; danach verschwanden die Würmer endgültig und sind nie mehr aufgetaucht. Auch Bellas eventuell von Luftröhrenwürmern beeinträchtigte Stimme war seitdem ein klares, oft lautes Piepsen.

Fachautoren warnen vor Haarwürmern, die zusammen mit ihren Zwischenwirten (Regenwürmer) aufgenommen werden und ein gestörtes Allgemeinbefinden, Abmagerung und Durchfall hervorrufen können. Allerdings sollen erwachsene und widerstandsfähige Hühner gegen diese Art von Würmern immun sein; wir jedenfalls konnten sie im Kot unserer Tiere nie feststellen, genauso wenig wie die genannten Symptome.

Kehlatmung

Anna bereitete es etwas Sorgen, dass Bella mehr als ihre Artgenossinnen von der Kehlatmung Gebrauch machte; man sah deutlich, wie sich bei der Atmung ihre Kehle hob und senkte. Es ist mir noch nicht gelungen, dieses Phänomen abschließend zu recherchieren – weder, warum sich Hühner überhaupt der bei Amphibien und Reptilien üblichen Kehlatmung bedienen, noch, warum dies bei verschiedenen Hennen in unterschiedlichem Maß geschieht. Auf alle Fälle scheint es sich um einen natürlichen Vorgang zu handeln und nicht um einen krankhaften, durch eine behinderte Nasenatmung bedingten, wie Anna vermutete. In diesem Fall, z. B. bei Schnupfen oder chronischer Erkrankung der Luftwege (CFD), müssten Symptome wie Atembeschwerden, Nasenausfluss, Schwellungen im Nasen- und Augenbereich, Mattigkeit oder Abmagerung vorliegen, was nicht der Fall war.

Bei Wuschel zeigten sich in einem Jahr an Augenlidern und Ohren krätzeähnliche Symptome, die ein starkes Jucken mit nachfolgendem Kratzen an den befallenen Stellen hervorriefen. Nach mehrmaligem Auftragen einer vom Tierarzt verordneten Salbe klangen die Beschwerden allmählich ab. Auch hier fand eine Ansteckung der anderen Tiere nicht statt. Bei Quax überdeckte praktisch seit ihrem Einzug bei uns von Zeit zu Zeit eine durchsichtige, schaumig wirkende Blase, die sie mit den Krallen wegzuwischen suchte, ein Auge oder beide. Sie war dadurch etwas behindert im Sehen (noch eine Behinderung!) und pickte mehrmals neben Korn oder Mehlwurm, bevor sie diese traf. Da die Erscheinung meistens am nächsten Tag wieder verschwunden war, sahen wir uns nicht veranlasst, medikamentös einzugreifen. Die Tierärztin kannte das Phänomen nicht, tippte aber auf eine Infektion. Allerdings hätte sich eine echte Augenentzündung durch gerötete, verklebte Augen und geschwollene Lider zeigen müssen, was bei unserer Quax nie der Fall war.

Das Strupfel-Marek-Drama

Die hübsche schwarze Strupfel haben wir im Januar beim gleichen Seidenhuhnzüchter gekauft, bei dem wir im Jahr zuvor Wuschel erstanden hatten. Sie schien zunächst aufgrund ihres jugendlichen Alters (wahrscheinlich war sie erst wenige Monate alt) noch sehr klein zu sein, wirkte aber äußerst aufgeweckt und lebenslustig. In der ersten Zeit machte sie einen gesunden Eindruck, bis sich nach etwa drei Monaten erste lähmungsartige Erscheinungen zeigten. Die Kleine bewegte sich plötzlich mühsam, unsicher und hinkend fort und konnte sich oft kaum auf den Beinen halten. Der Tierarzt diagnostizierte im Mai *Mareklähmung*, verbunden mit einer allgemein schwächlichen Konstitution. Strupfel musste eine dreimalige Antibiotikabehandlung mittels Spritzen über sich ergehen lassen; die Prognose des Arztes war äußerst negativ, da es im Grunde kein wirksames Gegenmittel gibt und Antibiotika Viren eigentlich nicht bekämpfen.

Die „Marek'sche Hühnerlähmung" ist eine ansteckende, tödlich verlaufende Krankheit der Junghennen, wird durch einen Herpesvirus verursacht und befällt Gehirn und Nerven. Strupfel, vom Züchter offenbar nicht dagegen geimpft, hatte diese Krankheit wohl mit in unseren Stall gebracht. Eine Ansteckung der anderen Hühner haben wir zwar befürchtet, sie erwies sich aber als unbegründet, da diese bereits ein Jahr älter und damit längst aus dem Junghennenalter heraus waren. Nach den Spritzen, der Verabreichung homöopathischer Mittel (u. a. Causticum) sowie reichlichen Reikigaben erholte sich die Kleine – entgegen der Prognose – überraschend gut und konnte sich nach drei Wochen wieder lebensfroh, wenn auch humpelnd, durch den ganzen Garten bewegen. Dann aber verschlechterte sich ihr Zustand Ende August/Anfang September wieder rapide; die Lähmung trat erneut auf und andere Symptome, wie eine ungeordnete Verdauung und Ausscheidung oder ein glanzloses Gefieder, kamen hinzu. Sie stand ständig klagend irgendwo im Garten und wollte zu den Mithennen getragen werden, zu denen sie selbst nicht mehr gelangen konnte, wurde immer dünner und schwächer. Schwersten Herzens entschlossen wir uns deshalb, dem Leiden dieser noch so jungen Henne ein Ende zu bereiten.

Anna hat oft den beiden Seidenhühnchen Wuschel und Strupfel, die sich als Einzige auf den Arm nehmen ließen, die Hände aufgelegt und Reikienergie einfließen lassen, wenn es ihnen schlecht ging. Sie haben dann immer die Übertragung der Heilenergie eine Zeit lang genossen, bis sie durch Aufstehen und Flügelschlagen signalisierten: Jetzt ist es genug!

Wie alt können Hühner werden?

Über die Frage, welches Alter Hühner maximal erreichen können, existieren die verschiedensten Aussagen. Verhoef/Rijs erwähnen in ihrer Enzyklopädie ein mögliches Alter von 10–15 Jahren und mehr, wobei die tatsächliche Lebenserwartung von Rasse, Futter, Stress und Unterbringung abhänge. Meine Schwägerin, eine praktische und erfahrene Bäuerin und Hühnerhalterin, spricht dagegen von einer durchschnittlichen Lebensdauer von 5 Jahren bei ihren Hybridhühnern. Aber selbst Hochleistungshennen, die nach 18 bis 24 Monaten Aufenthalt in der Legebatterie trotz ständiger Medikamentenzuführung erschöpft und total ausgezehrt aussortiert werden, können sich in einer normalen Gartenhaltung wieder erholen und noch weitere Jahre leben. Dies hat uns ein Nachbar in Weingarten demonstriert, der derartige Hennen aufzukaufen und wieder aufzupäppeln pflegte. Interessant zu beobachten waren diese bemitleidenswerten Kreaturen während der ersten Tage im neuen Zuhause: Sie standen, mit vom dünnen Gitterrost überbeanspruchten Gelenken, Muskeln und

Sehnen und wie gerupft aussehend, regungslos auf einer Stelle, warteten vergeblich auf das Laufbandfutter und ließen sich vollregnen. Erst mit der Zeit gewöhnten sie sich an die Fülle der Umgebungsreize und den fehlenden Stress im beengten Käfig; sie lernten regelrecht zu laufen, selbstständig Futter zu suchen, nach bisher unbekannten Genüssen wie Würmern zu scharren, das weitläufige Gelände zu erkunden und bei Niederschlägen Unterstände aufzusuchen. Dasselbe berichtet die in der schwedischen Tierschutzdebatte aktive Schriftstellerin Astrid Lindgren von einer Hühnerhalterin, die eine ausrangierte Henne aus der Eierfabrik kaufte. Das Tier konnte anfangs nicht gehen, *„doch schon nach ein paar Tagen auf einem gewöhnlichen Hühnerhof lief sie genauso munter herum wie die anderen Hühner dort und begann, wieder regelmäßig Eier zu legen.“*[43] Wie sie ein ausrangiertes, *„fast pfannenfertig gerupftes“* Batteriehuhn nach und nach wieder an ein normales Leben gewöhnt hat, an das Scharren, das Jagen, das Zusammenleben mit Mensch, Hund und Katze, schildert auch die anthroposophische Schriftstellerin Irene Méline in ihrer ergreifenden Geschichte „Yolanda – ein Huhn mit Persönlichkeit“[44].

Hühner merken wie wir Menschen, wenn sich mit fortschreitendem Alter zunehmend Zipperlein einstellen. So stellte Quax fest (GP): *„Manchmal bin ich etwas müde. Das Leben hat mich erschöpft. (…) Ich merke, dass ich in die Jahre komme. Leider ist uns Hühnern ja kein so sehr langes Dasein beschieden.“* Dies sei wohl aber in den meisten Fällen *„ganz gut so“*. Gleichzeitig äußerte sie den Wunsch: *„Ich könnte hier aber durchaus gern noch viel länger bleiben. Hier geht es mir gut. (…) Ansonsten bin ich wirklich zufrieden und genieße die mir verbleibenden Tage.“*

Der Tod gehört zum Leben

In den Jahren unserer Hühnerhaltung mussten wir erleben und akzeptieren, dass drei der Tiere sich aus den unterschiedlichsten Gründen „viel zu früh" (wie es in Todesanzeigen gerne heißt) oder „vor der Zeit" in den Hühnerhimmel verabschiedet haben. Leider konnten wir zwei Mal das betroffene Huhn nicht in seinen letzten Minuten begleiten und unterstützen, da der Tod nicht absehbar und plötzlich in unserer Abwesenheit eintrat. Das dritte Mal erwies sich dagegen als umso schlimmer.

Den Anfang machte die kleine Strupfel, deren Leiden (siehe S. 201) wir nicht mehr mitansehen, nicht mehr aushalten konnten. So entschlossen wir uns schweren Herzens, die Kleine einschläfern zu lassen. Diese Prozedur beim Tierarzt, die nach unserem Tierschutzgesetz nur aus triftigen Gründen erlaubt ist und die wir zwei Jahre zuvor schon einmal bei unserer Katze miterleiden mussten, werde ich mein Leben lang nicht vergessen. War unsere Lille damals sanft eingeschlafen und damit von ihrem Krebsleiden erlöst, das sie ans Ende ihrer Tage gebracht hatte, so mobilisierte Strupfel im Angesicht des Todes ihren ganzen, von uns unterschätzten jugendlichen Lebenswillen: Sie sprang nach Verabreichung der Spritze aus dem Stand senkrecht hoch in die Luft, bevor sie allmählich schwächer wurde und das Bewusstsein verlor.

Haben Hühner einen derartigen, im physischen und den anderen Körpern gespeicherten Willen zum Leben, der sie bei vorzeitigem Tod auch ohne Kopf noch vom Hackklotz wegrennen lässt (was wir abschätzig mit den „Nerven" erklären)? In jedem dieser Fälle – beim Schlachten, mit der Spritze, aber auch wenn beispielsweise ein Autofahrer ein Tier vorzeitig ums Leben bringt – wird ihm ein Stück der Spanne, die es noch für seine Persönlichkeitsentwicklung gebraucht hätte, genommen. Strupfel jedenfalls hat mit Sicherheit ihr hiesiges

Leben als noch nicht abgeschlossen betrachtet, sie fühlte sich aus ihrem Körper herausgerissen, hätte gern zu einem späteren Zeitpunkt ihren eigenen Tod sterben wollen. Wie auch immer: Es war eine der schlimmsten Minuten und wahrlich kein Ruhmesblatt unserer jahrzehntelangen Tierhaltungszeit; Strupfel möge uns dies vom Hühnerhimmel aus verzeihen! Wir haben daraus die Erkenntnis geschöpft, Leiden als eine Sache der Einstellung zu betrachten und es bei Tieren nicht nach unseren zwar gut gemeinten, aber dennoch menschlichen Maßstäben zu beurteilen. Selbst wenn ein Tier körperlich behindert, gehunfähig oder nach unserer Einschätzung dem Tode nahe ist, kann es noch immer aufgeweckt, liebevoll und vielleicht sogar glücklich sein. Man sollte deshalb auch einem in unseren Augen leidenden Tier ermöglichen, seinen Weg selbstständig oder mit unserer Hilfe bis zum Ende zu gehen und seine Aufgabe in diesem Leben zu vollenden. Sterbehilfe mag im einen Fall angebracht sein, wenn sie erwünscht ist, im anderen nicht; dies kann uns nur das betroffene Tier selbst signalisieren (womit wir wieder bei der telepathischen Kommunikation wären). Und andererseits: Wenn die Zeit gekommen ist zu gehen, haben wir weder die Macht noch Möglichkeiten, es aufzuhalten.

Als Nächste folgte unsere viel bewunderte Blacky, nach einem auch nur dreieinhalb Jahre währenden Leben. Sie lag einfach auf der Erde, die Flügel von sich gestreckt und bereits erkaltet, als Anna sie fand. Wir haben uns natürlich Gedanken gemacht, warum diese großartige Henne nur so kurz leben durfte. Zum einen war sie die größte und schwerste von allen, die, wie man so sagt, „gut im Futter stand" und vielleicht etwas übergewichtig daherkam. Vielleicht erlag sie aber auch vor der Zeit der Bürde ihrer Führerschaft, der Verantwortung, die sie freiwillig übernommen hatte, des ständigen Auf-der-Hut-sein-Müssens. Möglicherweise war ihr aber auch nur eine kurze Lebensspanne beschieden, innerhalb derer sie ihre Aufgabe zu Ende bringen konnte. *„Sie kommen für eine kurze Spanne und kehren* *in ihr Reich zurück und kommen wieder – und einmal müssen wir ihnen besser danken können.*"[44] Wir sind jedenfalls überzeugt, dass sie sich ein gutes, erholsames Weiterleben verdient und sich zugleich für höhere (Führungs-)Aufgaben empfohlen hat!

Tragisch und in einer nicht vorhersehbaren Weise endete Wuschels Leben. Wie bereits geschildert, saß sie auch in diesem Jahr wieder wochenlang auf imaginären Eiern, hat sich aber regelmäßig mit etwas Futter und Wasser versorgt, sodass wir erst nach Ende der dritten Woche unruhig wurden. Da sie aber auch noch in der vierten und fünften Woche Nahrung zu sich nahm, hielten sich unsere Sorgen in Grenzen. Am Tag vor ihrem Tod (wir fanden sie morgens leblos im Stall) unternahm sie sogar noch einen längeren Ausflug zu uns auf die Terrasse. Unsere Freude hierüber basierte allerdings auf der Fehlinterpretation, sie sei auf dem Weg der „Besserung"; heute sind wir davon überzeugt, dass sie sich mit diesem Besuch von uns verabschiedet hat. Im Nachhinein gesehen hätten wir, mit welchen Methoden auch immer, angesichts ihres Alters das Brüten abbrechen und so verhindern müssen, dass sich unsere Wuschel, Liebling aller Kinder und Erwachsenen, zu sehr verausgabt und buchstäblich „zu Tode brütet". Dies mag allerdings menschliches, auf Äußerlichkeiten gerichtetes Denken sein, denn ein Tier weiß normalerweise, ob und wann seine Zeit gekommen ist.

Ein würdiges Abschiednehmen

Für uns ist es schon immer selbstverständlich gewesen, dass unsere Weggefährten, die uns über eine kürzere oder längere Zeit begleitet und unser Leben bereichert haben, nach ihrem Tod nicht einfach weggeworfen oder wie ausrangierte Haushaltsgegenstände in der Mülltonne entsorgt werden, wie es das Schicksal unzähliger Haus-

und Nutztiere ist. Wenn es irgend möglich war, haben wir ihnen eine kleine Grabstelle im Garten zugewiesen, sie respektvoll mit einem Dankgebet der Erde übergeben und – wie im Fall von Lille – ein kleines Holzkreuz aufgestellt. An der Stelle, wo unsere letzten Wellensittiche bestattet wurden, wächst heute sogar ein mittelgroßer Feldahorn. Wer sein Tier anständig bestatten möchte, aber selbst keinen Platz zur Verfügung stellen kann, hat die Möglichkeit, auf einen der vielen Tierfriedhöfe und/oder eine Einäscherung zurückzugreifen. In diesem Zusammenhang – und dem übergreifenden meines Buches – soll die erstaunliche Tatsache erwähnt sein, dass der älteste Tierfriedhof Italiens, die „Casa Rosa" in Rom, 1923 auf Veranlassung von Mussolini gegründet wurde: Eine Spielgefährtin von dessen Kindern, ein Huhn (!), war nämlich gestorben und sie wollten das Tier, an dem sie besonders gehangen hatten, nicht wie einen beliebigen Gegenstand einfach wegwerfen.[45]

So haben auch die Körper unserer vier bis dato verstorbenen Hühner in unserem Garten Ruhestätten gefunden – die sich leider teilweise als „Unruhestätte" erwiesen: Strupfel wurde, von wem auch immer, nachts wieder ausgegraben; genauso erging es Blacky, obwohl wir, klüger geworden, die Grabstelle mit großen Steinen beschwert hatten. Irgendein hungriges Tier buddelte sich seitlich unter den Steinen durch und trug die erkaltete Schwarzbefiederte davon. Beim dritten Mal haben wir die Stelle nicht nur oben, sondern auch an allen Seiten durch versenkte Steine gesichert – bisher erfolgreich. Aber auch solche Missgeschicke muss man akzeptieren lernen im Rahmen des großen Kreislaufs der Natur: Wer nicht von Bakterien zerlegt und von Würmern gefressen wird, dient eben einem Fuchs als Nahrung – Pietät hin oder her!

Sterben und trauern

Ohnehin haben Tiere ein anderes, sehr viel gesünderes Verhältnis zum Tod als wir Menschen. Er hat für sie – vielleicht auch von der übergeordneten Warte mehrerer Vorleben aus gesehen, wenn man Smith (1995) und anderen glauben darf – keinen Schrecken, wenn sie ihre Aufgabe in diesem Leben erfüllt haben. Sie wissen, dass es im Grunde genommen keinen „Tod" gibt, sondern nur den Übergang in eine andere Lebensform. Albert Einstein formulierte es so: *„Man kann Energie nicht töten. Das Leben ist nicht der Anfang und der Tod ist nicht das Ende."* Vor ihrem Hinübergehen in eine andere Existenz hat unsere Katze Lille uns über eine Tierkommunikatorin ausrichten lassen: *„Tod ist nur eine menschliche Angst, meine ist es nicht. Tod bedeutet auch Wiedergeburt einer Seele. (…) Es ist ein Fest und eine Freude, wenn eine Seele wieder ins Licht nach Hause geht. (…) Es geht mir gut und ich bin auf meinem Weg."* Dennoch nehmen nach Aussage der Expertinnen auch Tiere schweren Herzens Abschied, wenn sie ein angenehmes, erfülltes Leben hinter sich lassen müssen und der unausweichliche Augenblick ihres Sterbens gekommen ist.

Noch ein Wort zum Begriff des „Sterbens": Anscheinend fällt es vielen Menschen, insbesondere Medienleuten, schwer, beim Tod von Tieren den Begriff „Sterben" zu verwenden – so als hätten sie zuvor nicht als Lebewesen existiert. So gut wie immer liest und hört man deshalb, Tiere seien „verendet" oder, neutraler ausgedrückt, bei Unfällen „ums Leben gekommen". Auch hier zeigen sich wieder die enorme Distanziertheit und das Hierarchiedenken der „Krone der Schöpfung", die nicht-menschlichen Lebewesen sogar ein gleich empfundenes, würdevolles Lebensende abspricht und sich mit abwertenden Umschreibungen aus der unangenehmen Affäre windet. Ob und wie sehr Tiere nach dem Tod eines Gefährten trauern, mag durchaus arttypisch und individuell unterschiedlich sein. Wir hatten nach

Blackys Tod, der ja einen starken Einschnitt in das Sozialgefüge unserer Hühnerschar mit sich brachte, den Eindruck, als ob die verbliebenen drei Hennen mehrere Tage lang nach ihr suchten. Am ersten Morgen kehrten sie immer wieder in den Stall zurück und schauten, ob die Chefin etwa verschlafen hatte. Ob dieses Verhalten Trauer beinhaltet oder lediglich dem momentan führerlosen Zustand geschuldet war, vermag ich nicht zu beurteilen. Henne Bertha gesteht, Hühner hätten *„nicht viel mit Trauer am Hut"*, und das Leben gehe trotz des schmerzlichen Verlusts einer Gefährtin weiter (Adams).

Abschließend zu diesem Kapitel möchte ich meiner festen Überzeugung Ausdruck verleihen, dass die Wesen, die in ihrem Leben hier auf der Erde in einem (möglicherweise selbst gewählten) Tierkörper gesteckt haben, genauso wie ihre menschlichen Mitbrüder und -schwestern „in den Himmel kommen" und ihr Leben dort weiterführen, bis sie in einer anderen Gestalt wieder auf die Erde zurückkehren dürfen. Ja, ich bin sogar der Meinung, dass sich die tierischen Opfer zahlreicher menschlicher Untaten und Ungerechtigkeiten um vieles mehr das Paradies verdient haben als wir. Dabei stelle ich mir den „Himmel" nicht mit verschiedenen, streng voneinander getrennten Abteilungen vor („Achtung, Sie betreten nun den Hühnerhimmel! Kein Zutritt für Menschen und Marder!"), sondern als „integriertes Gesamtjenseits", das von allen hinübergegangenen Lebewesen bevölkert ist und in dem ich jedes einzelne unserer Haustiere wiedersehen werde. Diese Sicht findet ihre Bestätigung in den Aussagen u. a. von medial begabten Personen, Tierkommunikatorinnen und Menschen, die über ein Nahtoderlebnis einen kurzen Einblick ins Jenseits gewinnen durften; man werde dort nicht nur von verstorbenen Familienangehörigen und Freunden begrüßt, sondern auch von den geliebten tierischen Partnern. Kaum mehr erwähnt zu werden braucht, dass die Naturwissenschaften und die Medizin derartige Vorgänge als Humbug, Halluzination oder Ähnliches abtun, genauso wie die Reinkarnation, von der die mit diesen Themen tausendfach konfrontierte Fachfrau Smith (1995) schreibt: „*Alle spirituellen Wesen können sich in jedem Leben in ganz verschiedenen Gestalten verkörpern, je nach ihrem Ziel und ihrer Bestimmung.*" Auch ihre Kollegin Gurney (2005) glaubt nach 14-jähriger Erfahrung mit Tieren „*aus tiefstem Herzen*" an die Wiedergeburt in verschiedenen Körpern – eine Tatsache, die für sie früher „*schwer nachvollziehbar*" war. Obwohl schon Shakespeare im „Hamlet" mahnt, es gebe „*mehr Ding' im Himmel und auf Erden, als eure Schulweisheit sich träumt*", dürfte noch ein langer Weg zurückzulegen sein, bevor derartige, nicht „wissenschaftlich" erklärbare Dinge ihre Anerkennung finden, denn: „*Wenn ihr's nicht fühlt, ihr werdet's nicht erjagen.*" (Goethe, „Faust"-Fragment)

Resümee und Ausblick

Hühner um sich zu haben, macht einfach Spaß – hierin sind sich zahlreiche Halter und Buchautoren einig. Dieser Einschätzung kann ich mich voll anschließen. In unserem Leben „vor den Hühnern" (gab es tatsächlich jemals so etwas?) hätte ich mir nie träumen lassen, dass derartige Tiere dieselben guten Gefährten sein und unser Leben auf vielfältige Weise bereichern können wie Hund, Katze oder Sittich. Allerdings gehen wir die ganze Angelegenheit privat und als Steckenpferd an; wären wir professionelle Züchter oder gar Landwirte, sähe die Sache vielleicht anders (sprich: erfolgsorientierter und stressiger) aus. Außerdem kann man nicht von jedem Menschen erwarten, dass er die gleiche Sympathie für diese Tierart aufbringt wie wir; so gab sich MacDonald (2007), die mit ihrem Ehemann Bob eine Hühnerfarm betrieb, nach eigenem Bekenntnis *„wirklich Mühe, die Hühner gern zu haben. Aber ich kam ihnen weder seelisch noch körperlich näher, und am Ende des zweiten Frühjahrs hasste ich alles, was mit Hühnern zusammenhing, bis auf die Eier."* Von dieser Ansicht sind wir verschont geblieben – im Gegenteil: Die „seelische und körperliche" Beziehung zu unseren Schutzbefohlenen hat sich im Lauf der Jahre immer mehr vertieft.

Uns sind als Laien natürlich manche Anfängerfehler unterlaufen, und ein perfektes Zuhause, wie es den Lesern der bunt bebilderten Fachliteratur oft vor den staunend-neidischen Augen entworfen wird, konnten wir aufgrund der äußeren Gegebenheiten auch nicht bieten – eine alte Holzhütte vermag eben nicht mit einem neuen, mit allen Schikanen ausgestatteten Hühnerstall zu konkurrieren. Dafür waren wir in der glücklichen Lage, unseren Mitbewohnerinnen einen weitläufigen, abwechslungsreichen Garten zur Verfügung stellen zu können, in dem sie sich augenscheinlich wohlfühlten. Außerdem kümmerten wir uns aufmerksam und liebevoll um ihr Wohlergehen, beobachteten ihr Verhalten, versuchten ihre Vorlieben herauszufinden, sprachen mit ihnen und suchten notfalls den Tierarzt auf. Wir lebten mit ihnen, wenn es unsere Zeit zuließ, wie mit anderen Haustieren; beglückende Momente waren etwa die gemeinsame Gartenarbeit oder ein harmonisches Beisammensein auf der Terrasse. Dass die telepathische Kommunikation (noch) nicht funktionierte, ist bedauerlich, wird uns aber von weiteren Versuchen nicht abhalten. Vielleicht vermögen wir eines Tages zu einem stillen Gedankenaustausch mit den dann bei uns lebenden Tieren zu gelangen, wie es Smith, Boone, Adams und anderen mit zahlreichen Mitlebewesen gelungen ist – von Pferden über Schlangen bis zur Stubenfliege Freddie.

Durch die ständige Konfrontation mit den Lebensgewohnheiten, Verhaltensweisen und Eigenarten, durch die tägliche Beobachtung der Hühnerschar insgesamt wie auch der einzelnen Individuen, durch das Einfühlen in ihre Bedürfnisse und nicht zuletzt durch ihre GP-„Aussagen" konnten wir zu neuen Erkenntnissen und Einstellungen gelangen – zu Haushühnern, zu allem Lebendigen und damit auch zu uns selbst. Wir sind den Weg vom Halter und Besitzer zum aufnahmebereiten Gefährten gegangen, haben jede Menge Denkanstöße erhalten und viel von unseren Hühnern gelernt: von den Fähigkeiten des Sich-Ruhe-Gönnens und Genießen-Könnens über die Konzentration auf das Hier und Jetzt bis zur Akzeptanz eines noch so beschwerlichen Lebens – und dessen, was am Ende dieses Lebens folgt.

Resümee von Quax und Bella

An dieser Stelle möchte ich abschließend zurückkommen auf die Gesprächsprotokolle von Tatjana Adams, in denen Bella und Quax auch über ihr Leben bei sowie die Beziehung zu uns menschlichen Gefährten sprachen. Diese Äußerungen waren natürlich von besonderem Interesse für uns, da sie uns Rückmeldungen über die Qualität unserer Haltung, über Zufriedenheit und Unzufriedenheit der Hühnerdamen mit ihren Lebensbedingungen geben konnten. Wie sehr sie uns (und besonders mir) aber tatsächlich einen Spiegel vorhielten – damit hatten wir in den kühnsten Träumen nicht gerechnet. Ich möchte deshalb in mein Resümee auch dasjenige der beiden einschließen, die letztlich im Mittelpunkt dieses Buches stehen. Kehren wir die Hackordnung um und lassen zunächst Quax zu Wort kommen:
„Ich will mich nicht beklagen. Hier mangelt es mir wirklich an nichts."
– „Hier geht es mir gut. Es wird Rücksicht auf mich genommen und ich bekomme für alles die Zeit, die ich benötige. (…) Sie sind sehr achtsam

und respektvoll mit uns. Das genieße ich sehr." – „Ich habe ja nichts auszustehen hier. Ich werde satt und bin behütet." – „Wir waren eine gute Hühnergemeinschaft, vorbildlich geführt von unseren Menschen."

Mir persönlich hat sie u. a. noch mit auf den Weg gegeben, ich solle üben loszulassen und mit Nichtperfektem zufrieden zu sein, um mich und meine Nerven zu schonen: „Auch wenn er nur halbe Kraft gibt, macht er die Dinge bereits wunderbar." Etwas irritiert hat mich Quaxens Bemerkung: „Er sieht erschöpft aus in letzter Zeit." Adams meint dazu: „Tiere betrachten uns anders. Sie blicken hinter die Fassade, sehen nicht das körperliche Erscheinungsbild vordergründig. Sie sehen wohl etwas wie unsere Aura oder Energie." Auch bei ihren eigenen Tieren sei sie manchmal über eine Aussage irritiert gewesen, die sie nicht auf sich passend fand; „aber dann … bei genauerem Hinsehen … habe ich auch gesehen, was sie längst gesehen hatten."[46] Dies würde die oft beschriebene Tatsache bestätigen, dass Tiere nicht nur zu telepathischer Kommunikation, sondern auch zu Wahrnehmungen fähig sind, die vom Menschen mit seinen begrenzten Sinnen „außer-sinnlich" genannt werden.

Bellas Ausführungen

„Wir haben hier für Hühner ein eher ungewöhnliches Dasein. Es ist nicht so, wie man das sonst vielleicht so kennt oder erwarten würde. Es ist hier alles sehr gepflegt und mir fehlt eigentlich nur noch die Teetasse. Ich fühle mich sehr stark respektiert. Sie freuen sich eher über meine Eigenheiten und finden es sehr spannend, mich und meine Angewohnheiten zu entdecken. (…) Sie ermöglichen mir vieles. Das ist schon besonders." Das Verhältnis zu uns beschreibt sie als „sehr freundschaftlich, aber irgendwie dennoch würdevoll distanziert. (…) Es ist ein sehr angenehmes Maß für mich an Nähe und Distanz. Jeder wahrt seine Art und beobachtet den anderen irgendwie. Aber mit Respekt und Freundlichkeit im Herzen."

Dies führt sie im folgenden Absatz weiter aus, der mich sehr berührt hat: *„Es ist keine echte Liebe. Das lassen sie irgendwie nicht zu. Ich weiß nicht, ob ihnen das mit einem Huhn zu weit ginge, das mag sein. So lasse ich es auf der Ebene, auf der sie es haben wollen. Ich wäre allerdings zu einem weiteren Schritt bereit. Ich habe viel Liebe für sie in meinem Herzen, lasse sie aber nicht wirklich zu. Das ist in Ordnung für mich. Aber natürlich würde ich mich auch freuen, wenn sich da noch mal etwas verändert. Es hat etwas mit ihrer Haltung/Einstellung gegenüber Tieren zu tun. (…) Und ich erlebe das so, dass sie mich zwar mögen, aber ich bin und bleibe ein Huhn. Sie sehen mich nicht als vollwertigen Charakter. (…) Der letzte Schritt in ihren Herzen fehlt irgendwie. (…) Es ist in Ordnung, auch wenn es so bleibt. Es ist ja so schon mehr, als andere Menschen uns zuschreiben würden. Ich fühle mich akzeptiert.“*

Weitere Aussagen: *„Sie denken viel darüber nach, wie wir Hühner das wohl alles so sehen oder erleben.“* – *„Ohne Frage bin ich sehr froh, hier leben zu dürfen. Sie haben sehr gepflegte Umgangsformen mit uns.“* Und an meine Adresse: *„Er ist wunderbar. Er ist verlässlich, gütig und freundlich.“* – *„Ich schätze ihn sehr. Aber ich würde lieber sagen: Ich liebe ihn. Aber noch geht das nicht. Und das liegt nicht an mir, es liegt bei ihm.“* Sie empfiehlt mir außerdem, mich einer *„großen, inneren Veränderung“* zu stellen, für die die Zeit reif sei, und das Kritische (mit mir selbst) abzulegen.

Es fällt schwer, nach diesen Bemerkungen noch daran zu zweifeln, dass Hühner genau beobachtende, reflektierende, geistig und bewusstseinsmäßig hochstehende Geschöpfe sind (oder zumindest sein können), die uns einiges zu sagen haben – wenn wir nur zuhören. Ich zumindest habe mich über die positiven Einschätzungen von Quax und Bella, die unsere Art der Tierhaltung bestätigen, sehr gefreut und mir zugleich die treffsicheren „Empfehlungen“ zu Herzen genommen. Auf alle Fälle hat sich unsere Sicht der Dinge durch die Beschäftigung mit der telepathischen Tierkommunikation enorm verändert; wir betrachteten unsere Hühner eindeutig mit anderen Augen, begegneten ihrem Verhalten und ihren Eigenarten mit mehr Verständnis, und wir konnten auch erste kleine Schritte zu einer mentalen Verständigung registrieren. Ein Beispiel: Nachdem ich bei der Fütterung mehrfach „telepathisch" auf Bella eingewirkt hatte mit der Bitte, Quax nicht ständig mit herrischen „Weg da!"-Lauten zu schikanieren und ihr alle Würmer wegzufressen, klappte dies mit der Zeit ganz gut, auch wenn wir die Aufforderung einmal unterließen.

Vorläufiges Ende unserer Hühnerhaltung

Zum Zeitpunkt der Niederschrift dieses Textes fand zwischen Anna und mir gelegentliches Brainstorming darüber statt, ob und welche neuen Tierkameraden oder -kameradinnen den Weg in unser Heim und unseren Garten finden sollten.

Einig waren wir uns schließlich nach wiederholten Debatten, die Hühnerhaltung doch nicht „einschlafen" zu lassen, wie es nach dem Ableben von Strupfel, Blacky und Wuschel im Gespräch war, sondern den derzeitigen, bereits etwas „überalterten" Bestand mit ein- oder zweijährigen Tieren wieder aufzustocken – vorzugsweise mit Wyandotten, die uns mit ihrer Freundlichkeit und Zutraulichkeit sehr zusagten. Außerdem sollen Hühner im Alter recht eigen sein und sich nicht mehr gern mit Angehörigen fremder Rassen anfreunden. Als wichtig betrachteten wir auch, dass unsere beiden „älteren" Damen Quax und Bella als die „Erstgeborenen" und Alteingesessenen geachtet und respektiert werden sollten; ob sie sich in den zu erwartenden Auseinandersetzungen um die neue Rangordnung durchsetzen könnten, würden wir mit Interesse verfolgen.

Aber es kam alles ganz anders als geplant, und die „Eigenheit" der alten Damen zeigte sich in einer für uns nicht vorhersehbaren Weise.

Ich erwarb vom Züchter eine einjährige schwarze Wyandotte, in der Hoffnung, diese werde von den beiden anderen akzeptiert und so zur Blutauffrischung beitragen. Doch so sehr sie sich auch um Anschluss und Integration bemühte: Insbesondere Quax stimmte, sobald sie der Neuen ansichtig wurde, ein nicht enden wollendes Protestlied an; ansonsten wurde die Schwarze entweder durch Schnabelhiebe oder Ignorieren gestraft, sodass sie einsam durch den ihr fremden Garten streifen musste. Nachdem wir dieses Trauerspiel mehrere Tage lang verfolgt hatten, mussten wir einsehen, dass unsere bejahrten Damen unter sich bleiben und sich nicht mehr auf Zuwachs einstellen mochten. Also trug ich die Schwarze wieder zum Züchter zurück und wir beschlossen, erst nach dem völligen Ableben der vorhandenen Resttruppe eventuell einen Neuanfang zu wagen.

Das Ende trat dann schneller als erwartet mit sehr heißen Sommerwochen ein. In den Abendstunden erlag Quax, die „gern noch länger bei uns geblieben wäre", den anhaltend hohen Außentemperaturen – sie war wohl doch angeschlagener als gedacht und an ihrem letzten Tag nicht mehr zum Essen und Trinken zu bewegen gewesen. Sie fand, wie alle anderen Tiere zuvor, ihre letzte Ruhestätte in dem geliebten Garten, mit Blumen und (gut gesichertem) Grabstein. Und dann überraschte uns Bella mit einem letzten, unbegreiflichen Faszinosum: Nachdem sie die Nacht allein im Stall verbracht hatte, verließ sie diesen am Morgen und begab sich – anders als an den Tagen zuvor – nicht zum gemeinsamen Lieblingsplatz im unteren Gartenteil, sondern schnurstracks zum Grab ihrer Freundin, von dem sie gar nichts wissen konnte (sie war am Vorabend bei Quaxens Tod und Bestattung bereits im Stall gewesen)! Dort stand sie für etwa zwei Stunden, Gefiederpflege betreibend oder einfach still vor sich hin blickend. Auf diese Weise nahm sie Abschied von ihrer langjährigen Gefährtin.

Was geschah nun in der Folge mit Bella? Sie tat uns leid, wie sie einsam und verlassen ihren Tätigkeiten recht und schlecht nachging, wie sie uns ständig nachlief und Anschluss suchte, sobald sich einer von uns im Garten aufhielt. Sie trauerte, und sie litt. So entschlossen wir uns schweren Herzens, Bella in gute Hände zu verschenken, und brachten sie zu einem nahe gelegenen Gnadenhof. Dort lebt sie nun zusammen mit einem Trupp brauner Legehennen samt Hahn, alle zehn Jahre alt und putzmunter, und vielen anderen Tieren. Gelegentlich besuchen wir sie (mit gemischten Gefühlen: Haben wir das Richtige getan? Sind wir Verräter geworden am Versprechen, sie lebenslang bei uns zu behalten?) und dürfen sie noch mit ihren geliebten Mehlwürmern füttern. Möge ihr ein langes und glückliches Leben beschieden sein!

Mit den in diesem Buch vorgetragenen Gedanken möchte ich beileibe niemanden missionieren. Meine Absicht bestand darin, Sie teilhaben zu lassen an meinen ganz persönlichen Erlebnissen und Überlegungen sowie Anregungen und Denkanstöße zu geben.

Schließen möchte ich mit einem Zitat des französischen Schriftstellers Émile Zola (1840–1902): *„Die Sache der Tiere steht höher für mich als die Sorge, mich lächerlich zu machen. Sie ist unlösbar verknüpft mit der Sache des Menschen, und zwar in einem Maße, dass jede Verbesserung in unserer Beziehung zur Tierwelt unfehlbar einen Fortschritt auf dem Weg zum menschlichen Glück bedeuten muss!"*

Dem ist nichts hinzuzufügen.

Service

Literaturverweise

[1] Baier, Werner: „Wo Queen Mum fleißig Eier legt". Schwäbische Zeitung, 11.5.2010

[2] Report des Marburger Natursoziologen Rainer Brämer; zitiert im Artikel „Vielen Teenies ist die Natur fremd". Schwäbische Zeitung, 24.6.2010

[3] „Il Milione / Die Reisen des Marco Polo". Propyläen Verlag, 1971: S. 112

[4] in: „Eugen Roths Tierleben für jung und alt". Carl Hanser Verlag, München 1973

[5] Konzeption und Regie: Adam Schmedes / Peter I. Lauridsen (WDR 2006)

[6] „Das Huhn", in: „Gedichte – Verse – Sprüche". Lechner Publishing Ltd. 1998

[7] 1. Mose 1, 28 (Luther-Übersetzung)

[8] Drewermann, Eugen: „Über die Unsterblichkeit der Tiere", Vorwort S. 8

[9] www.aufrichtung-adams.de/Tierkommunikation

[10] „Über die Leidensfähigkeit der Hühner". In der Zeitschrift „Das Tier", Heft 2/1976

[11] „Henne Lotte liebt das Luxusleben" (8.8.2012)

[12] Eine ausführliche Vorstellung findet sich in der Juli-Ausgabe 2013 von „Natur & Garten. Die Mitgliederzeitschrift des Naturgarten e.V."

[13] dpa-Meldung: „Ein Hahn macht sich strafbar". Schwäbische Zeitung, 30.11.2007

[14] vgl. z. B. „Die Henne und der Gummikamm", in: Volker Arzt / Immanuel Birmelin: „Haben Tiere ein Bewusstsein?" Wilhelm Goldmann Verlag, München 1995: S. 156f.

[15] in: „Max und Moritz. Erster Streich."

[16] in: „Ach du dickes Ei! ... Hühner sind auch nur Menschen". Achterbahn Verlag, Kiel 1997

[17] www.tomatl.net/2007/08/31/huehnermist-als-duenger-fuer-meine-tomaten/

[18] Kruszelnicki, Karl: „Dr. Karls neue Geschichten aus der Wissenschaft oder: Warum Hühner nicht auf Pink Floyd stehen". Piper Verlag, München 2006: S. 172

[19] Gebrüder Grimm: „Kinder- und Hausmärchen". Buch und Zeit Verlagsgesellschaft, Köln, o. J.: S. 110-113

[20] Gräfin von Bredow, Ilse: „Henne Berta fasst einen Dieb". In: „Die Grafen und das liebe Vieh". S. Fischer Verlag, Frankfurt a.M. 2006: S. 227

[21] Werner, Florian: „Die Kuh. Leben, Werk, Wirkung". München, 2011: S. 85

[22] zit. im Artikel: „Ein Pfiff sagt mehr als viele Worte". Focus 5/2013, S. 93

[23] Gedicht „Die Henne". In: „Es gibt was Beßres in der Welt. Ausgewählte Werke". C. Bertelsmann Verlag, Gütersloh 1955

[24] „Henne". In: „Inschrift. Gedichte aus zehn Jahren". Suhrkamp Verlag, Frankfurt a.M. 1967

[25] „Das Huhn und der Karpfen". In: „Gesammelte Schriften 1894-1907", abgedruckt in: „Heiterer Hausschatz. Deutscher Humor aus fünf Jahrhunderten". Gondrom Verlag, Bayreuth 1980

[26] Antoine de Saint-Exupéry: „Der Kleine Prinz". Karl Rauch Verlag, Düsseldorf 48/1994: S. 72

[27] Werner, Florian: „Die Kuh. Leben, Werk, Wirkung". München, 2011: S. 119

[28] Lispector, Clarice: „Ein Huhn. Erzählung". In: Westermanns Monatshefte, Heft 11/1996

[29] „dtv-Brockhaus-Lexikon in 20 Bänden". Deutscher Taschenbuch Verlag, München 1989: Band 8, S. 307

[30] Eycken, Fritz & Katinka / Jakob Winter (Hrsg.): „Die Gedichte von Joachim Ringelnatz". Haffmans Verlag bei Zweitausendeins, Frankfurt a. M. 4/2007: S. 357

[31] In Lexika finden sich für den Begriff „Dummheit" Synonyme wie Unverständigkeit, Albernheit, Einfalt, Unbesonnenheit, Unwissenheit usw.

[32] in: Jean de la Fontaine: „Die Fabeln". Emil Vollmer Verlag, Wiesbaden, o. J.: S. 52

[33] Werner, Florian: „Die Kuh. Leben, Werk, Wirkung". München, 2011: S. 113

[34] Poss, Alf: „Zwei Hühner werden geschlachtet". Suhrkamp Verlag, Frankfurt a. M. 1969: S. 18f.

[35] Merrifield, Andy: „Die Weisheit der Esel. Ruhe finden in einer chaotischen Welt". Nymphenburger, München 2/2012: S. 156

[36] in: „Ein kleines Geschenk". Oertel & Spörer, Reutlingen, o. J.: S. 32

[37] zit. im Artikel: "Wer zahlt für die Vogelgrippe?" Cicero, 2/2006; S. 117

[38] zit. im Artikel: „Die Vogelgrippe fällt wohl nicht vom Himmel". Schwäbische Zeitung, 15.5.2008

[39] vgl. Artikel: „Kleintierzüchter überstehen auch die Vogelgrippe". Schwäbische Zeitung, 2.11.2007

[40] Nemetz, Patricia: „Die ‚Vogelgrippe' Hysterie". In: „HPN/DFA", 6/2006

[41] „Hühner im Winter". In: „Stilleben mit Huhn. Das Jahr, das alles veränderte". Piper Verlag, München 2007: S. 144

[42] www.chemieunterricht.de

[43] Lindgren, Astrid / Kristina Forslund: „Meine Kuh will auch Spaß haben! Einmischung in die Tierschutzdebatte". Verlag Friedrich Oetinger, Hamburg 1991: S. 76f

[44] enthalten in der Anthologie: „Aus dem Leben der Tiere. 100 Beschreibungen, Tatsachenberichte und Erzählungen". Verlag Das Beste, Stuttgart 1984, S. 226-233

[45] Dies berichtet Edgar Meyer in seinem Beitrag „Friedhöfe für Katzen und Hunde". In: Apuzzo / D'Ambrosio, S. 219

[46] Persönliche Mitteilung vom 24.01.2013

Quellen & Zum Weiterlesen

Adams, Tatjana: **Von Hühnern und Menschen**. Was Hühner uns schon länger mal sagen wollten. Reichel Verlag, Weilersbach 2012

Apuzzo, Stefano / D'Ambrosio, Monica: **Auch Tiere haben Seelen**. Über die Unsterblichkeit unserer Haustiere. Aquamarin Verlag, Grafing 2008

Baeumer, Erich: **Das dumme Huhn**. Verhalten des Haushuhns. Kosmos Verlag, Stuttgart 1964 (nicht mehr lieferbar)

Boone, J. Allen: **Die große Gemeinschaft der Schöpfung**. Gespräche zwischen Mensch und Tier. Undine Verlag, München 1990

Drewermann, Eugen: **Über die Unsterblichkeit der Tiere**. Hoffnung für die leidende Kreatur. Walter Verlag, Olten 1990

Estermann, Marie-Theres: **Hühner, Gänse, Enten**. Verlag Eugen Ulmer, Stuttgart 2001

Gomringer, Anne-Kathrin: **Unsere ersten Hühner**. Verlag Eugen Ulmer, Stuttgart 2012

Groißmeier, Michael: **Die Heiligsprechung der Hühner**. Prosa. Arcos Verlag, Landshut 1999

Gurney, Carol: **Die Sprache der Tiere**. In 7 Schritten zum Animal Communicator. Kosmos Verlag, Stuttgart 2005

Jenny, Lorly: **Kinder und Hühner in Flandern** (Roman). Rascher Verlag, Zürich 1943

MacDonald, Betty: **Das Ei und ich**. Melzer Verlag, 2007

Maclay, George / Knipe, Humphry: **Adam im Hühnerhof**. Dominanzverhalten am Beispiel der menschlichen Hackordnung. Deutscher Bücherbund, Stuttgart o. J.

Malerba, Luigi: **Die nachdenklichen Hühner**. 131 kurze Geschichten. Fischer Taschenbuch Verlag, Frankfurt a. M. 1991

Mastrocola, Paola: **Das fliegende Huhn** (Roman). List Verlag, München 2003

Münter, Walther: **Geflügelställe**. Hühner, Gänse, Enten, Puten, Tauben, Ziergeflügel. Albrecht Philler Verlag, Minden 1984

Peitz, Beate u. Leopold / Bauer, Wilhelm: **Hühner in meinem Garten**. Alles über Haltung und Ställe. Verlag Eugen Ulmer, Stuttgart 2012

Rhein, Ute: **Der Geflügelhof**. Über den täglichen Umgang mit unserem Federvieh. pala-verlag, 1985

Rockstroh, Martina: **Geflügelhaltung.** Geflügelhaltung im Kleinbetrieb. Albrecht Philler Verlag, Minden 1983

Rockstroh, Martina: **Geflügelkrankheiten.** Hinweise zur Vorbeugung und Behandlung. Albrecht Philler Verlag, Minden 1983

Rockstroh, Martina: **Brut und Aufzucht des Geflügels.** Albrecht Philler Verlag, Minden 1983

Roy, Ravi / Lage-Roy, Carola: **Homöopathischer Ratgeber 18:** Vögel –Geflügel und Ziervögel. Lage & Roy, Murnau 1995

Schiering, Lutz: **Hühner – Prachtvolles Federvieh.** Komet Verlag, Köln, o. J.

Schille, Hans-Joachim: **Lexikon der Hühner.** Komet Verlag, Köln, o. J.

Schmidt, Horst: **Taschenatlas Hühner und Zwerghühner.** 182 Hühnerrassen für Garten, Haus, Hof und Ausstellung. Verlag Eugen Ulmer, Stuttgart 2005

Schmidt, Horst: **Die Hühnerrassen.** Band 1: Kämpfer und schwere Typen, Band 2: Leichte Typen. Albrecht Philler Verlag, Minden 1983

Scholtyssek, Siegfried: **Das Huhn in der Kunst.** Vertrieb: Verlag Eugen Ulmer, Stuttgart, o. J.

Smith, Penelope: **Gespräche mit Tieren.** Zweitausendeins, Frankfurt a. M. 1995.

Smith, Penelope: **Grundkurs Tierkommunikation.** (Doppel-CD). Reichel Verlag, Weilersbach, o. J.

Stern, Alice: **Geflügel – Natürlich und artgerecht halten.** Kosmos Verlag, Stuttgart 2001.

Storl, Wolf-Dieter: **Ich bin ein Teil des Waldes.** Kosmos Verlag 2003

Teutsch, Gotthard M. (Hrsg.): **Da Tiere eine Seele haben** ... Stimmen aus zwei Jahrtausenden. Kreuz Verlag, Stuttgart 1987

Unterweger, Wolf-Dietmar u. Ursula: **Glückliche Hühner.** Eine Liebeserklärung an das Federvieh. Flechsig Buchvertrieb / Verlagshaus Würzburg, Würzburg 2004

Verhoef, Esther / Rijs, Aad: **Hühner-Enzyklopädie.** Nebel Verlag, Eggolsheim, o. J.

Wiedenmann, Roland: **Das Hühner-Lesebuch.** Geschichten und Gedichte um Hennen und Hähne. Unveröffentlicht

Bildnachweis

44 Farbfotos wurden von Roland Wiedenmann für dieses Buch aufgenommen.

Mit 27 Illustrationen von Roland Mayer, einer Illustration von Tom Mayer (Farbtafel 4) und fünf Illustrationen von Roland Wiedenmann (S. 15, 88, 151, Farbtafeln 5 und 6).

Impressum

Umschlaggestaltung von eStudio Calamar unter Verwendung von einem Farbfoto von iStockphoto.

Mit 44 Farbfotos und 33 Zeichnungen.

Unser gesamtes lieferbares Programm und viele weitere Informationen zu unseren Büchern, Spielen, Experimentierkästen, DVDs, Autoren und Aktivitäten finden Sie unter **kosmos.de**

Gedruckt auf chlorfrei gebleichtem Papier

© 2014, Franckh-Kosmos Verlags-GmbH & Co. KG, Stuttgart.
Alle Rechte vorbehalten
ISBN 978-3-440- 14285-1
Redaktion: Hilke Heinemann
Gestaltungskonzept: Populärgrafik, Stuttgart
Gestaltung und Satz: Kullmann & Partner GbR, Kristijan Matić
Produktion: Eva Schmidt
Printed in The Czech Republic / Imprimé en République Tchèque